ちくま学芸文庫

私の微分積分法
解析入門

吉田耕作

筑摩書房

本書をコピー、スキャニング等の方法により無許諾で複製することは、法令に規定された場合を除いて禁止されています。請負業者等の第三者によるデジタル化は一切認められていませんので、ご注意ください。

まえがき

　微分積分法が，ニュートンとライプニッツによって発明されてから約 300 年になる．ニュートンは，時間の経過にともなって変化する事象の変化の速さを，微分商という概念によってとらえた．そしてその事象を微分方程式に定式化し，この方程式を解く為に，微分法の逆演算にあたる積分法と微分法とを併せて活用したのであった．哲学者でもあったライプニッツは，微分積分法を純粋な数学理論として体系化する方向に力を注いだように思われる．

　この書物は，上に述べたニュートンのアイデアに則して，微分積分法をていねいに叙述したものであるが，独立変数が唯一つの関数の微分積分法に限ったという意味からも，解析入門という副題を付けたのである．

　この書物の構成は，普通行われているように，微分学をやってから積分学をやるという順序ではなく，次のようにした．

　まず第Ⅰ編と第Ⅱ編とにわけて，第Ⅰ編においては，関数 f の導関数 f' を作る微分という演算の定義から始めて，できるだけ早く微分積分法の基本公式

$$f(b)-f(a)=\int_a^b f'(t)dt$$

に到達することを目標とする．

そして第Ⅱ編においては，上の基本公式を強化しつつ活用するということを目標とする．すなわち，まずⅡ₁微分法では，関数の和差積商や合成関数，逆関数などの微分公式を導く．次にⅡ₂積分法では，積分の加法性，部分積分法および置換積分法を述べ，特に部分積分法の応用として，関数が高階の導関数をもつときに，上の基本公式 $f(b)-f(a)=\int_a^b f'(t)dt$ を精密にしたものとしてテイラーの展開を導く．テイラー展開は，高校の教育では割愛されているけれども，数値計算一つをとってみても，高階導関数の活用としてのテイラー展開に馴れておくことは望ましいと思ったからである．

微分積分法を活用する上で最も大切なことの一つは，多項式や有理関数のみならず，対数関数，指数関数および三角関数などのいわゆる初等関数に習熟することである．これらの関数についてⅡ₃とⅡ₄にていねいに述べた．

なおⅡ₆数値計算において，与えられた関数 f に対して $f(x)=0$ の根（解）z を近似的に求めるニュートンの方法や，定積分の値を近似的に求めるシンプソンの公式など，数表を用いずにポケット電卓で相当にくわしい計算のできることがらを述べた．これらに関連して必要になってくる逆正弦関数，逆正接関数などは，このⅡ₆のなかで述べた．

ニュートン以来，微分積分法は力学と深く結びついてい

るので，II₅の一次元の力学においては（定数係数の）振動の微分方程式をていねいに叙述した．これが回路を流れる電流の微分方程式の解法にもそのまま適用できることも注意しておいた．さらにII₇の二次元の力学では，抛物体の運動や太陽のまわりの惑星（地球）の運動の微分方程式を解いて，ニュートンの偉大な業績に触れうるようにした．

　以上のように高校の教科とやや離れた力学や数値計算にも触れているが，図を多くし説明もていねいにしてあるので，既に学んだ事柄を復習し補強するという意味で，高校生の参考書・副読本として役立てば幸いである．また一般に微分積分法に興味をもつ人々には，始めからゆっくり読んで頂けば，微分積分法がどのような成り立ちであり，どのように活用されるものであるかを知って頂けることと思う．

　終りに，本書の出版にあたってお世話になった，講談社の小枝一夫，末武親一郎の両氏に厚く感謝の意を表する．なお，この機会を幸いに，筆を執るのが遅れていた筆者を励まして下さった『私の化学』（講談社刊）の著者であられる水島三一郎先生に深く御礼を申し上げたい．

1981年春

吉田　耕作

目　次

まえがき 3

I　関数の変化率から微分積分法の基本定理まで

§1　ガリレイによる落体の実験 ………………………… 15
§2　ニュートンによる瞬間速度の概念 …………………… 17
§3　関数の平均変化率と瞬間変化率．ニュートン商と微分商 …………… 20
§4　関数の導関数 …………………………………… 24
§5　関数の微分可能性と連続性 …………………………… 27
§6　連続な関数のグラフ．中間値の定理 ………………… 29
§7　微分商と接線 …………………………………… 36
§8　微分と微分係数 ………………………………… 38
§9　関数値の増減の判定条件 ……………………………… 39
§10　導関数の原始関数．ニュートンの流率と流量 ……… 44
§11　関数の縦線図形の面積として原始関数を求めること．定積分 …………… 48
§12　微分積分法における基本定理 ………………………… 57
§13　前節に用いた縦線図形の面積の定義とその面積値の求め方 …………… 58

第Ⅰ編のあとがき 65

II 微分積分法の基本定理の強化と活用

II₁ 微分法 70

§14 微分法の公式（和差積商の微分） ……………………… 70
§15 合成関数の微分法 ……………………………………… 74
§16 逆関数の微分法 ………………………………………… 78
§17 一次元の力学．加速度の概念．高階微分法 …………… 82
§18 凸関数．平方根，立方根などの近似 …………………… 85
§19 極大と極小．商品生産の限界費用 ……………………… 92

II₂ 積分法 101

§20 定積分の公式1（加法性と不等式） …………………… 101
§21 定積分の公式2（部分積分） …………………………… 104
§22 基本定理 $f(b)-f(a)=\int_a^b f'(t)dt$ の精密化としての
テイラーの定理 …………………………………………… 106
§23 定積分の公式3（置換積分） …………………………… 110

II₃ 対数関数と指数関数 113

§24 対数関数 $\left(\log x = \int_1^x \frac{1}{t} dt \text{ の導入}\right)$ ……………… 113
§25 指数関数（$\exp(y)=e^y$ の証明） ……………………… 119
§26 一般冪関数 x^a と一般指数関数 a^x …………………… 124
§27 e の値の計算．対数の値の計算 ………………………… 128
§28 放射性物質の半減期，発展方程式，定数変化法 … 137
§29 アメーバ増殖型の微分方程式と人口変動型の微分方程式，変数分離法 ……………………………………… 141
§30 変数の値が無限大になるときの関数の値の大きさの比較．広義の定積分 ……………………………………… 153

II₄ 円周運動と三角関数　163

§31　角の単位ラジアン …………………………………… 163
§32　正弦関数 $\sin\theta$, 余弦関数 $\cos\theta$ ………………………… 166
§33　$\sin\theta$, $\cos\theta$ の導関数 ……………………………… 168
§34　$\sin\theta$, $\cos\theta$ の加法定理の証明. ドゥ・モアーヴルの公式 …………………………………………………… 173
§35　$\sin\theta$, $\cos\theta$ のグラフ …………………………… 177
§36　$\sin\theta$, $\cos\theta$ のテイラー展開. オイラー公式 ………… 179

II₅ 一次元の力学（振動と回路）　191

§37₁　振動の微分方程式1（外力のない場合） ……………… 191
§37₂　振動の微分方程式2（外力のある場合） ……………… 203

II₆ 数値計算　209

§38　ウォリスの公式 $\dfrac{\pi}{2}=\prod_{n=1}^{\infty}\dfrac{2n\cdot 2n}{(2n-1)\cdot(2n+1)}$ とスターリングの公式 $n!\sim\sqrt{2\pi}\,n^{n+\frac{1}{2}}e^{-n}$ …………… 209
§39　逆正弦関数, 逆正接関数. π の値の計算 ……………… 217
§40　数値積分におけるシンプソンの公式. π の近似計算 …………………………………………………………… 225
§41　シンプソン公式 (40.2)′ の誤差評価 ………………… 232
§42　ニュートンの方法による方程式の根の近似について …………………………………………………………… 236

II₇ 二次元の力学（軌道と人工衛星）　246

§43　拋物体の運動. 軌道 ……………………………… 246
§44　ケプラーの三大法則. 円錐曲線 ………………… 254

§45 ニュートンの万有引力．惑星の運動 ……………… 261

導関数・原始関数の表　270
問および練習問題解答　272
あとがき　277
文庫版解説（俣野博）　278
索　　引　288

私の微分積分法

解析入門

I

関数の変化率から微分積分法の基本定理まで

物ごとの変化の割合——変化率——という概念は重要である．たとえば人口増加の割合とかインフレーションの進行の速さなどのほかに，自動車や飛行機が1分間にどの位の割合で動いているかの速度の問題のように，物理学や工学に関連した多くの問題はいずれも変化率に帰着される．

関数 f を微分するという操作によって，関数 f の導関数 f' を求めると，もとの関数 f の変化する様子が，この f の変化率 f' を通してとらえられる．たとえば，$f'(x)$ が >0 であるような x の区間では，x が増加すれば $f(x)$ も必ず増加することがわかる．今から約300年の昔に，ニュートンとライプニッツは，微分という操作とともに，導関数 f' が与えられたときに，この f' からもとの f を求めること，すなわち，こんにち積分という操作をも同時に考え，微分と積分とが互いに逆な操作であることを明確に把握して，微分積分法を創造した．そしてこれがどんなに実り多い方法であるかを数々の偉大な業績によって示して，現代文明のルーツになったのである．

この第Ⅰ章では，一つの変数の関数について微分と積分とが互いに逆な操作であること，すなわち微分積分法の基本定理をなるべくはやく導くことを目標とする．そして，この基本定理の強化と活用はⅡの目標とするというのが，

この書物の構成である．

§1　ガリレイによる落体の実験

イタリアのピサに生れ，地動説の提唱者として有名なガリレイ（Galileo Galilei, 1564-1642）が20代の若さで行なったという落下運動の研究のことが，彼の著書『新科学対話』*に出ている．

彼の発見以前には，ギリシャのアリストテレス（384-322 B.C.）以来の通説に従って，同じ高さから地面に物を落したとき，重い物は軽いものより早く着地するという考えがあたりまえのこととして人々に信じられていたのであった．

彼がこの考えに疑いをもった理由は次のようなことであったということである．すなわち，もし重い物が速く，軽い物が遅く落下するとすれば，その二つの物を連結して落したときはどうなるであろうか．連結した物体は個々の物体のどちらよりも重いから，それは個々の物体のどちらよりも速く落下しなければならないであろう．ところが一方から考えれば，連結した物体の片方は速く落下しようとしても，他の片方は遅く落下しようとするから，結局において連結物体は，重い方と軽い方との中間の速さで落下するよりほかはないが，これは始めに述べたことと矛盾する．だから，すべての物体の落下の速さはその物体自身の重さ

---

*　今野武雄・日田節次訳，岩波文庫，上・下のうち上．

に関係しないはずである．

　このように，理論的に考えたことを，ガリレオは，彼の先人たちが余り試みなかった「実験」によって「実証」（demonstrate）したのであった．

　彼は約100メートルの高所から同じ大きさの鉛の球と石とを落してみたが，着地までの時間の差はほとんどなかった．鉛の球と樫の木の球とを落してみても鉛の方が着地点でわずか1メートルほど先行したにすぎなかった．これらの実験から，ガリレイは，落下時間は重さに関係しない，そして鉛と樫の間の僅少の差は空気の抵抗によるものだと結論したのであった．

　ガリレイはなお落下物体の速さが落下の過程でどのように変化するかをも研究した．そうして，いろいろな実験を重ねて，次のように結論した．すなわち，

ガリレイの法則　空中の1点から，一つの物体を静かに手ばなして自由に落下させるとき，落下距離 S を，手ばなしてからの経過時間 t の関数と考えると，それは t の2乗 t^2 に正比例する：

(1.1) $$S = Ct^2$$

ここに C は，t にも物体にも無関係な定数である．

　このことから，ガリレイは次のことを導いている．それは，落下が始まってから一定の経過時間ごとに，落下する距離が奇数の比で増大していくということである．

　この一定の経過時間の長さを1秒とすると，最初の1秒間に落下した距離は C（メートル），次の1秒間に落下した

距離は $C \cdot 2^2 - C \cdot 1^2 = 4C - C = 3C$（メートル），その次の 1 秒間に落下した距離は $C \cdot 3^2 - C \cdot 2^2 = 9C - 4C = 5C$（メートル）……というようになるから，次のようになっている．すなわち最初の 1 秒間に動いた距離は C メートル，次の 1 秒間に動いた距離は $3C$ メートル，その次の 1 秒間に動いた距離は $5C$ メートル，そのまた次の 1 秒間に動いた距離は $7C$ メートル，……というように，落体の動いた距離は 1，3，5，7，……の比で増大していく．

このようにして，ガリレイは「落体の落下の速さが，時間の経過 1 秒ごとに，順々に奇数の比で増加してゆくこと」を認識したのであった．

§2 ニュートンによる瞬間速度の概念

前節に述べたガリレイによる「落体の落下の速さ」は，いわば「新幹線ひかりが時速〇〇〇キロメートルで走っている」というような表現——現在の速さで走りつづければ 1 時間経過すると〇〇〇キロメートル走ったことになる——と同じである．だから，線路が大きく曲がっているあそこや急勾配のあっちの辺でどんな速さになっているかなどの詳細はわからない．

ガリレイの速さをもっと精密にしたニュートン（Isaac Newton, 1642-1727）の**瞬間速度**の概念こそ，落体の運動のみならず，あらゆる運動の数学的取扱いを可能にした微分，ひいては微積分の発見の発端であったのであり，その発見はニュートンの 24 歳の頃であったと伝えられている．

この瞬間速度を，ガリレイの法則 (1.1) に出てくる

(2.1) $$\text{落下距離} = Ct^2$$

を例にして説明しよう．まず，比例定数 C は後にニュートンの研究でわかったところによると，定数 g によって $C=\frac{1}{2}g$ と表わされる．この g は，落体の実験をしている地球上の場所ごとに異なる定数（**重力定数**と呼ばれるもの）であるが，C. G. S. 単位*によるとほぼ 980 に近い数である．こうしてガリレイの法則は，質点で与えられる落体が

(2.2) $$\text{落ち始めてから } t \text{ 秒間に落下した距離} = \frac{1}{2}gt^2$$

であることを主張する．

このとき正の数 δ を定めると，時刻 $t=1$ から時刻 $t=1+\delta$ に至る δ（秒）の間に質点は

$$\frac{1}{2}g\cdot(1+\delta)^2 - \frac{1}{2}g\cdot 1^2 = g\cdot\delta + \frac{g}{2}\cdot\delta^2 \quad (\text{センチメートル})$$

の距離を落下する．したがって，この δ（秒）の間について平均すると，センチメートルで測って 1 秒間に

(2.3) $$\frac{\frac{1}{2}g\cdot(1+\delta)^2 - \frac{1}{2}g\cdot 1^2}{\delta} = g + \frac{1}{2}g\cdot\delta$$

だけの距離を，質点が落下するという割合になっている．これが，時刻 $t=1$ から時刻 $t=1+\delta$ にいたる間の，質点の**平均速度**と呼ばれるものである．

---

* 長さ，重さ，時間の単位をそれぞれセンチメートル，グラム，秒としたとき．

(2.3)の右辺で与えられる平均速度は、δの値が0に非常に近いときにはgにうんと近くなる。gは定数（ほぼ980に近い値）であるから、(2.3)の右辺の第2項すなわち$\frac{1}{2}g$にδを乗じたものは、δが非常に0に近いとき、やはり0にうんと近くなるからである。

このようにして、「$\delta>0$ を0に限りなく近づけて行けば、平均速度$\left(g+\frac{g}{2}\delta\right)$は、$\delta$に関係のない$g$という値にいくらでも近づいて行くのである」。この$g$を、落下する質点の時刻 $t=1$ における**速度**と呼ぶ。時間間隔 $\delta>0$ を0に限りなく近づけて行ったときに、平均速度がいくらでも近づいて行く値gであるという意味をきわだたせる為に、このgを落下する質点の時刻 $t=1$ における**瞬間速度**と呼ぶこともある。

時刻 t における瞬間速度　上と同じようにして、一般の時刻 t における**瞬間速度**をもとめて見よう。時刻 t から時刻 $t+\delta$ の間における平均速度は、$t=1$ のときと同じようにして

$$\frac{\frac{1}{2}g(t+\delta)^2-\frac{1}{2}g\cdot t^2}{\delta} = gt+\frac{1}{2}g\delta$$

となるから、δを0に限りなく近づけていくとわかるように

(2.4)　　時刻 t における落体の（瞬間）速度 $= gt$

である。したがって「落体の速度は、落下してから経過し

た時間の大きさに比例して大きくなってゆく」．これを，§1の終りに述べたガリレイの「落体の落下の速さは，時間の経過1秒ごとに，順々に奇数の比で増加してゆく」と比較してみれば，ニュートンの速度の方がずっと明瞭かつ精密——各1秒ごとに速さがどうであるというのではなく，落下してからの経過時間 t のおのおのに対して，その時刻 t の g 倍すなわち gt が瞬間速度になる——であることを納得できるであろう．

§3 関数の平均変化率と瞬間変化率．ニュートン商と微分商

質点が落下を始めてからの落下距離が，落下を始めてからの経過時間 t の関数 $\frac{1}{2}gt^2$ として表わされたのに対して，前節に行なったと同じことを，そのまま一般の変数 x の一般な関数

(3.1) $$f(x)$$

の場合にあてはめて，「平均の速度」および「瞬間の速度」に相当するものを考えてみよう：

変数 x の値が $x=a$ から $x=a+\delta$ まで変化すれば，関数 $f(x)$ の値は $f(a)$ から $f(a+\delta)$ まで変化する．よって変数の値が，上の範囲のなかで，単位の大きさだけ変化するときの関数値の変化は，平均すれば

(3.2) $$\frac{f(a+\delta)-f(a)}{\delta}$$

という割合になる．この割合（＝比）を，関数 $f(x)$ の $x=a$ におけるニュートン比またはニュートン商*と呼ぶこと

にするが，さしあたりは「$x=a$ から $x=a+\delta$ にいたるまでの $f(x)$ の平均変化率」ということにしよう．そして，これが a や δ に関係して定まることを目に見えるように，記法

(3.3) $$f_\delta'(a) = \frac{f(a+\delta)-f(a)}{\delta}$$

を導入しよう．

註 この定義 $f_\delta'(a)$ において，前節の場合を拡張して $\delta>0$ の場合だけでなく，$\delta<0$ の場合も考えることにする．しかし，分子も分母も 0 になってしまう $\delta=0$ の場合は考えない．このように，$\delta>0$ だけではなく $\delta<0$ の場合も平行に考察することにしたことの意義が大きいことは，本書の記述が進むにしたがって段々とわかってくるはずである．

<u>このように，(正・負の一方に限定しない) δ を 0 に限りなく近づけてゆくときに平均変化率 $f_\delta'(a)$ の値が，或る一定数にいくらでも近づくような場合がある．</u>

例 1 落体の場合にあたる $f(x) = \frac{1}{2}gx^2$ の場合には，

$$f_\delta'(a) = \frac{\frac{1}{2}g(a+\delta)^2 - \frac{1}{2}ga^2}{\delta} = ga + \frac{1}{2}g\delta$$

が，δ を限りなく 0 に近づけてゆくときに，一定数 ga にい

---

* ラング (S. Lang) の『解析入門』(松坂和夫・片山孝次訳，岩波) によるが，ラング以前にこの呼称があったかどうか (あってもよさそうであるが) はわからない．

例 2 $f(x)$ がすべての x で一定数 C に等しい（$f(x) \equiv C$）場合には

$$f_\delta'(a) = \frac{f(a+\delta)-f(a)}{\delta} = \frac{C-C}{\delta} = 0$$

であるから，δ が限りなく 0 に近づくときに $f_\delta'(a)$ はつねに一定数 0 に等しい．このような場合にも，「δ が限りなく 0 に近づくときに，$f_\delta'(a)$ が一定数 0 にいくらでも近づく」と見なすことにしておく．

上の例 1，例 2 にそれぞれ出て来た一定数を，「関数 $f(x)$ の点 a における**瞬間変化率**または**微分商**（differential quotient）」と名付けて

(3.4)　　　$f'(a)$ または $\dot{f}(a)$ または $Df(a)$

などで表わす．

上のような意味で，点 $x=a$ において微分商 $f'(a)$ が存在するときに，「関数 $f(x)$ は点 $x=a$ において**微分可能**（differentiable）」であるという．なお微分商の値を求めることを**微分する**ということがある．

問題 1 1 次関数 $f(x)=\alpha x+\beta$ を $x=a$ において微分せよ．ここに α,β は定数とする．

解　$f_\delta'(a) = \dfrac{\alpha(a+\delta)+\beta-\alpha a-\beta}{\delta} = \alpha$

であるから，$f'(a)=\alpha$．

問題 2 2 次関数 $f(x)=\alpha x^2+\beta x+\gamma$ を $x=a$ において微分せよ．ただし α,β,γ は定数とする．

解 $f_\delta'(a) = \dfrac{\alpha(a+\delta)^2+\beta(a+\delta)+\gamma-\alpha a^2-\beta a-\gamma}{\delta}$

$= \dfrac{\alpha(2a\delta+\delta^2)+\beta\delta}{\delta} = 2\alpha a+\alpha\delta+\beta$

ゆえに δ を限りなく 0 に近づけて $f'(a)=2\alpha a+\beta$.

問題 3 3 次関数 $f(x)=x^3$ を $x=a$ において微分せよ．

解 $f_\delta'(a) = \dfrac{(a+\delta)^3-a^3}{\delta} = \dfrac{3a^2\delta+3a\delta^2+\delta^3}{\delta}$

$= 3a^2+3a\delta+\delta^2$

δ が限りなく 0 に近づくとき，$3a\delta$ も δ^2 もともに，0 にいくらでも近づくから，$f'(a)=3a^2$．

註 記法 $\dot f(a)$ はニュートンに，また記法 $f'(a)$ はラグランジュ (Lagrange, 1736-1813) に，また $Df(a)$ はコーシー (Cauchy, 1789-1857) による．なお，変数の差分 (difference) $\delta=a+\delta-a$ が限りなく 0 に近づいたときに，対応する関数の差分 $f(a+\delta)-f(a)$ と δ との比（商）$\dfrac{f(a+\delta)-f(a)}{\delta}$ が近づくものとして $\dot f(a)=f'(a)$ を微分商と呼ぶのである．すなわち**微分商**は，ニュートンが彼の主著『プリンキピア』（自然哲学の数学的諸原理）のなかで*「限りなく減少してゆく 2 量の比が，絶えず近づいてゆく極限」と呼んでいるものに他ならない．その意味で，$f_\delta'(a)=\dfrac{f(a+\delta)-f(a)}{\delta}$ を**ニュートン商**と呼んだラングの命名（？）は適切というべきであろう．

---

* 河辺六男訳, 世界の名著 26『ニュートン』, 中央公論社 (1971) の p. 97.

§4 関数の導関数

関数 $f(x)$ を $x=a$ で微分するには,まず $x=a$ におけるニュートン商 $f_\delta'(a) = \dfrac{f(a+\delta)-f(a)}{\delta}$ を作り,「この $f_\delta'(a)$ において,$\delta \neq 0$ を限りなく 0 に近づけるときに,$f_\delta'(a)$ がいくらでも近づいてゆく一定値があれば,その一定値が,a における f の微分商 $f'(a)$ であった」のである.このような状況を

$$(4.1) \quad \lim_{\delta \to 0} f_\delta'(a) = \lim_{\delta \to 0}\frac{f(a+\delta)-f(a)}{\delta} = f'(a)$$

と書いて,「δ が限りなく 0 に近づいてゆくときの,$f_\delta'(a)$ の極限が $f'(a)$ である」と読む.この lim は limit (**極限**) の略記であり,$\delta \to 0$ は δ が 0 に限りなく近づいてゆくことを示す記法であるので,この (4.1) を

$$(4.1)' \qquad \delta \to 0 \ \text{なるとき}\ f_\delta'(a) \to f'(a)$$

と書くこともある.

このように,f がそこで微分可能であるような a を指定すると微分商の値 $f'(a)$ が定まる.よって,a に対して $f'(a)$ を対応させる対応を一つの関数と見なして,記号 f' により表わす.この関数 f' を関数 f の**導関数** (derivative) と呼ぶ.関数 f から微分するという手続きによって導かれた (derived) 関数 f' であるから導関数というのである.

(4.1) が成り立つので,f' の a においてとる値が,f の a における微分商になっている.そこで関数 f' の独立変数としては,f の独立変数と同じ x を用い,関数 f を $y=$

$f(x)$ と表わしたときに f' の従属変数には文字 y' をあてるのが慣用である. ゆえに
(4.2) $\qquad y=f(x)$ ならば $y'=f'(x)$

例 前節の問題 1, 2, 3 から

i) $y=\alpha x+\beta$ ならば $y'=\alpha$. ii) $y=\alpha x^2+\beta x+\gamma$ ならば $y'=2\alpha x+\beta$. iii) $y=x^3$ ならば $y'=3x^2$.

問題 1 $x\neq 0$ のとき $f(x)=\dfrac{1}{x}$ の導関数を求めよ.

解 $f(x+\delta)-f(x)=\dfrac{1}{x+\delta}-\dfrac{1}{x}=\dfrac{-\delta}{(x+\delta)x}$ であるから $f_\delta'(x)=\dfrac{-1}{(x+\delta)x}$. $\delta\to 0$ のとき, $(x+\delta)x\to x^2$ である. そして $x\neq 0$ であるから, $\delta\to 0$ のとき $\dfrac{1}{(x+\delta)x}\to\dfrac{1}{x^2}$ である. ゆえに $\delta\to 0$ のとき $f_\delta'(x)\to\dfrac{-1}{x^2}$ すなわち $f'(x)=\dfrac{-1}{x^2}$.

問題 2 $f(x)=x^4$ の導関数を求めよ.

解 $x=0$ のときには

$$f_\delta'(0)=\dfrac{\delta^4-0}{\delta}=\delta^3$$

であるから, $\delta\to 0$ のとき $f_\delta'(0)\to 0$ となって, $f'(0)=0$.

次に $x\neq 0$ とすると, $\dfrac{\delta}{x}$ を δ/x と書いて

$$f_\delta'(x)=\dfrac{(x+\delta)^4-x^4}{\delta}=\dfrac{x^4(1+(\delta/x))^4-x^4}{x(\delta/x)}$$
$$=\dfrac{x^4}{x}\cdot\dfrac{(1+(\delta/x))^4-1}{(1+(\delta/x))-1}$$

ところが，分母を払って直ぐわかるように，$a \neq 0$ ならば

$$\frac{(1+a)^4-1}{(1+a)-1} = 1+(1+a)+(1+a)^2+(1+a)^3$$

であるから，上の式から

$$f_\delta'(x) = x^3\left\{1+\left(1+\frac{\delta}{x}\right)+\left(1+\frac{\delta}{x}\right)^2+\left(1+\frac{\delta}{x}\right)^3\right\}$$

という展開式を得る．ここで $\delta \to 0$ とすると，

$$\left(1+\frac{\delta}{x}\right) \to 1+0 = 1, \quad \left(1+\frac{\delta}{x}\right)^2 \to (1+0)^2 = 1,$$

$$\left(1+\frac{\delta}{x}\right)^3 \to (1+0)^3 = 1$$

となるから

$$f'(x) = \lim_{\delta \to 0} f_\delta'(x) = 4x^3$$

ゆえに $x=0$ であっても $x \neq 0$ であっても，$f(x)=x^4$ に対して $f'(x)=4x^3$ である．

練習 上と同じようにして，$f(x)=x^5$ に対して $f'(x)=5x^4$ を証明せよ．

研究 上のようにして，次の定理が得られる[*]．

定理1 $y=x^n$ に対して $y'=nx^{n-1}$．ここに $n=1, 2, 3, \cdots$ である．

---

[*] あとで §14 に，次の定理1のやさしい導き方を示す．

練習問題

1. 次の各関数の導関数を求めよ．
   (1) x^2+2 (2) $2x^3$ (3) $3x^2$ (4) x^2-3
   (5) x^4+x^2 (6) x^5+x^4 (7) x^4+2x^3
   (8) x^3+3x^2+x (9) $\dfrac{1}{x+1}$ (10) $\dfrac{2}{x+2}$

2. $f(x)$ および $g(x)$ が $x=a$ で微分可能ならば，$f(x)+g(x)$ も $x=a$ で微分可能で，$D\{f(a)+g(a)\}=Df(a)+Dg(a)$ であることを示せ．

   ヒント $\dfrac{(f(a+\delta)+g(a+\delta))-(f(a)+g(a))}{\delta}=f_\delta'(a)+g_\delta'(a)$ となることを用いよ．

3. $D(x^4+x^3+x^2+x)=D(x^4+x^3)+D(x^2+x)$ を利用して $D(x^4+x^3+x^2+x)=4x^3+3x^2+2x+1$ を示せ．

§5 関数の微分可能性と連続性

関数 $f(x)$ が $x=a$ において微分可能とすれば，(4.1) が成り立つ．そして (3.3) によって

(5.1) $$f(a+\delta)-f(a)=\delta f_\delta'(a)$$

この右辺は，$\delta\to 0$ となる δ 自身と，$\delta\to 0$ のとき $f_\delta'(a)\to f'(a)$ となるところの $f_\delta'(a)$ との積であるから

$$\lim_{\delta\to 0}\delta f_\delta'(a)=0\cdot f'(a)=0$$

となる．ゆえに (5.1) から

(5.2) $$\lim_{\delta\to 0}\{f(a+\delta)-f(a)\}=0$$

が得られる．

関数の連続性　関数 $f(x)$ が (5.2) を満足するときに，f は $x=a$ において**連続である** (continuous) という．この条件 (5.2) は

(5.2)′ $$\lim_{\delta \to 0} f(a+\delta) = f(a)$$

と同じことである．上に述べたことから，

定理 2　関数 $f(x)$ が $x=a$ で微分可能であれば，$f(x)$ は $x=a$ で連続である．

しかし，この定理の逆は必ずしも成り立たない．

反例　関数 $f(x)=|x|=\begin{cases} x, & x \geq 0 \text{ のとき} \\ -x, & x \leq 0 \text{ のとき} \end{cases}$

は，すべての x で連続であるが，$x=0$ においては微分可能でない．

証明　$x>0$ では，$f(x)=|x|=x$ であるから，f は微分可能で $f'(x)=1$．また $x<0$ では，$f(x)=|x|=-x$ であるから，f は微分可能で $f'(x)=-1$．ゆえに定理 2 によって，f は $x>0$ においても $x<0$ においても連続である．また $x \to 0$ であるとき $|x| \to 0$ であるから，$\lim_{\delta \to 0}\{f(0+\delta)-f(0)\}=\lim_{\delta \to 0}|\delta|=0$ により，$f(x)$ は $x=0$ においても連続である．

しかし，$f(x)=|x|$ は $x=0$ において微分可能でない．その証明．$f_\delta'(0)=\dfrac{|\delta|}{\delta}$ だから，δ が正の値だけをとりつつ $\delta \to 0$ となるときは $\lim_{\delta \to 0} f_\delta'(0)=1$．同じく δ が負の値だけをとりつつ $\delta \to 0$ となるときは $\lim_{\delta \to 0} f_\delta'(0)=-1$．ゆえに，

δ が正・負のどちらか一方に限定されないで限りなく0に近づくときには，$f_0'(0)$ がいくらでも近づいてゆく一定の値は存在しない．

§4の結果から，定理2の系として，x^2+2, x^4, x^n および $x^4+2x^3+3x^2+x+5$ のような x の**多項式**はすべての a で微分可能，したがって連続である．また $\dfrac{1}{x+1}$ は，$a \neq -1$ ならば，$x=a$ において連続である．§4の問題1と同じようにして $\left(\dfrac{1}{x+1}\right)' = \dfrac{-1}{(x+1)^2}$ となるから定理2を用いればよい．それゆえ関数 $\dfrac{1}{x+1}$ は，この関数が定義されているところで微分可能，したがって連続なわけである．$\dfrac{1}{x+2}$, $\dfrac{1}{x+3}$ などについても同様である．

§6 連続な関数のグラフ．中間値の定理

これまで，いろいろな関数についてその導関数を調べて来た．ここではもとへもどって，関数の意味をもう一度考えてみることにしよう．

二つの変数 x, y があって，x の値をきめると，それに対応して y の値が一つきまるときに，y は x の**関数**であるということは，すでに中学でも学んだ．関数 y を表わすのに記号 $f(x)$ をもちいたとき，たとえば $x=a$ に対する y の値は $f(a)$ になる．たとえば x^2 を $f(x)$ で表わしたとき，

$$f(-2) = 4, \ f(-1) = 1, \ f(0) = 0,$$
$$f(1) = 1, \ f(2) = 4$$

となっている．

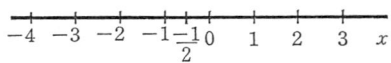

このように変数 x の値を変動させるときは，これに応じて，関数 f の値も一般に変動する．その模様は，$y=f(x)$ とおいて描いたグラフによって図示される．すなわち次のようにする．

まず単位の長さを一度きめれば（上図），数を直線上の点として表現することができるが，この考えを平面と数の組 (x,y) に対して拡張できる．すなわち**原点** O で交わる**横線**（水平線）と**縦線**（垂直線）とをひく．そうすると，**横軸**の上の点に，単位の長さをもとにして，原点が 0 になるように**座標** x を目盛ることができる——原点の右の側の点の座標が正値で，原点の左の側の点の座標が負値になるように．同じく**縦軸**の上の点に，単位の長さをもとにして，原点が 0 になるように座標 y を目盛ることができる——原点の上の側の点の座標が正値で，原点の下の側の点の座標が負値になるように．

このようにして，平面上の点 P をとったとき，P から横

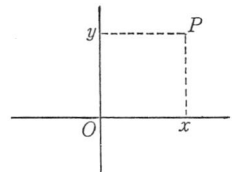

軸に垂直線を引いて横軸との交点の座標を x, また P から縦軸に垂直線を引いて縦軸との交点の座標が y であったとき, P の第1座標は x, 第2座標は y であるといい, $P=(x,y)$ と書く.

そうすると関数 $y=f(x)$ が与えられたとき, $(x, f(x))$ で表わされる平面上の点の全体を, 関数 $y=f(x)$ の**グラフ**というのである.

グラフを求める為には, グラフの上にあるべき多くの点を考えて, それらの点を図に記入するとよい.

例1　$f(x)=x$ の場合

x	$f(x)=x$
-2	-2
-1	-1
0	0
1	1
2	2

例2　$f(x)=|x|$ すなわち $x \geq 0$ のときは $f(x)=x$ で, $x \leq 0$ のときは $f(x)=-x$ となる場合.

x	$f(x)=|x|$
-2	2
-1	1
0	0
1	1
2	2

例3 $f(x)=2x+1$

x	$f(x)=2x+1$
-2	-3
-1	-1
0	1
1	3
2	5

上の例1，例3ではグラフは直線になっている．これを一般にして

例3′ $f(x)$ が x の一次式で $f(x)=ax+b$ の形のときにも，f のグラフが**直線**になっていることは中学で学んだ．

例4 次のような関数のグラフを描け：
$x≦0$ ならば $f(x)=-1$，$x>0$ ならば $f(x)=1$.

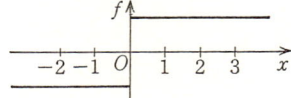

この例では，変数 x が 0 から正数に移り変わるときに，関数 $f(x)$ の値は急激に -1 から 1 に跳び上がる．だから (5.2)′ に与えた，$x=0$ における関数 $f(x)$ の連続性の条件

$$\lim_{\delta\to 0} f(0+\delta) = f(0)$$

は成り立たない．$\delta>0$ ならば $f(0+\delta)=f(\delta)$ はつねに 1 であるから，δ が正の値をとりつつどんなに 0 に近くなっても $f(0+\delta)$ は -1 に近づかないからである．δ が負の値をとりつつ 0 に近づくときは，$f(0+\delta)$ はつねに -1 であ

るから $f(0)=-1$ に近づくといえるけれども.

このようにして，関数 $f(x)$ が点 $x=a$ において定義されており，変数 x が a なる値を通過するときに, $f(x)$ の値の変動に飛躍がないとするならば, $f(x)$ は点 $x=a$ において連続であるといわれる．これが§5に定義した関数の連続性をグラフの言葉で述べたものである．

閉区間，開区間 $a<b$ とし，$a\leqq x\leqq b$ である点 x の全体の集まり（集合）を $[a,b]$ と書き**閉区間** $[a,b]$ と呼ぶ．同じく，$a<x<b$ である点 x の全体の集まり（集合）を (a,b) と書いて**開区間** (a,b) と呼ぶ．$[a,b]$ のすべての点 x で定義された関数 $f(x)$ が $[a,b]$ で連続な関数であるというのは, $f(x)$ が $[a,b]$ のすべての点 c $(a\leqq c\leqq b)$ で連続なことをいう．すなわち，$a<c<b$ ならば $\lim_{\delta\to 0}f(c+\delta)=f(c)$. また $c=a$ のときには

(6.2) $$\lim_{\delta\to +0}f(a+\delta)=f(a)*$$

$c=b$ のときには

(6.3) $$\lim_{\delta\to -0}f(b+\delta)=f(b)**$$

が成り立つことが, $[a,b]$ で f が連続関数である為の条件である．

---

* $\lim_{\delta\to +0}f(a+\delta)$ は，δ が正の値をとりつつ限りなく 0 に近づくときの $f(a+\delta)$ の極限を示す．

** $\lim_{\delta\to -0}f(b+\delta)$ は，δ が負の値をとりつつ限りなく 0 に近づくときの $f(b+\delta)$ の極限を示す．

よって次の定理が成り立つことを納得できるであろう．

定理3 閉区間 $[a,b]$ で連続な関数 $f(x)$ のグラフは，切れ目のない一つづきの曲線で表わされる．

微積分入門としての本書においては主として連続関数を取り扱う．この連続関数の変動の模様を示す基本的な次の定理は，定理3の系として得られる．すなわち

定理4 $f(x)$ が $[a,b]$ において連続関数とする．このとき，もしも $f(a) \cdot f(b) < 0$ ならば
$$f(c) = 0 \text{ かつ } a < c < b$$
となる $f(x)=0$ の解（根）c が存在する．

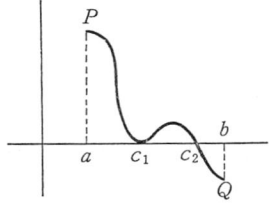

証明 $f(a)>0$ かつ $f(b)<0$ と仮定すると，f のグラフの点 $P=(a,f(a))$ は横軸の上側にあり，点 $Q=(b,f(b))$ は下側にある．グラフは，P と Q とを結ぶ切れ目のない一つづきの曲線であるから，図のように途中で少なくとも一回は横軸に到達したところ——点 c_1 のようなところもあろうし，c_2 のようなところもあるであろう——がなければならない．P から出る切れ目のない一つづきの曲線が，いつまでも横軸より上側にあったのでは，横軸より下側にあ

る点 Q にたどり着くことはできないからである*.

ゆえに，f のグラフの曲線を P からたどって行き，初めて横軸に到達した点** を $(c, f(c))$ とすれば，$f(c)=0$，$a<c<b$ でなければならない．

上の論法は，$f(a)<0$ かつ $f(b)>0$ と仮定しても成り立つので，$f(a) \cdot f(b)<0$ ということから，$f(c)=0$，$a<c<b$ であるような c が存在する．■

定理4の応用例 $f(x)=x^3-3x+1$ は，多項式であるから連続である．そうして $f(0)=1>0$，$f(1)=-1$ であるから，方程式 $x^3-3x+1=0$ は，0 と 1 との間に根（解）をもつ．

定理4の系として

定理5（中間値の定理） $f(x)$ が $a \leqq x \leqq b$ で連続であり，かつ $f(a) \neq f(b)$ であるとする．このとき，$f(a)$ と $f(b)$ の間の任意の値 k に対して
$$f(c)=k, \ a<c<b$$
となる根（解）c が存在する．

---

* このことは，横軸のような直線に隙間（すきま）がなくて，P から Q に到る f のグラフが横軸をすり抜けることができないことを前提としている．この前提は**実数の連続性**と呼ばれるものであるが，これを証明することには本書では立ち入らないで，直観的に理解しておくことにする．

** $a \leqq x_1<b$ である x_1 で，$a \leqq x<x_1$ であるすべての x で $f(x)>0$ となるような x_1 をとる．このような x_1 のどれよりも大きい数のうち最小のものが存在する．この最小のものを c とすればよい．この最小のものの存在することは**実数の連続性**が保証するのである．

証明 $g(x)=f(x)-k$ に定理4を適用せよ．

§7 微分商と接線

関数 $f(x)$ が $x=a$ で微分可能とする．f のグラフ上の2点 $P=(a,f(a))$, $Q(a+\delta,f(a+\delta))$ を結ぶ直線 PQ を，この f のグラフの曲線の**割線**という．P を通る横軸に平行な直線が，Q を通る縦線と交わる点を R とすれば，割線の**方向係数**（**勾配**または**傾き**ともいう）は

$$\frac{RQ}{PR}$$

で与えられる．ここに，PR と書いたのは，R の x 座標 $a+\delta$ から P の x 座標 a を減じた値 $\delta=(a+\delta)-a$ を示す．また RQ は Q の y 座標 $f(a+\delta)$ から R の y 座標 $f(a)$ を減じた値 $f(a+\delta)-f(a)$ を示す．ゆえに

(7.1)　　割線 PQ の勾配 $=$ ニュートン商 $f'_\delta(a)$

となる．

ここで，$\delta\to 0$ となるとき，この勾配 $f'_\delta(a)$ は微分商 $f'(a)$ にいくらでも近づく．ゆえに点 P を通って勾配が $f'(a)$ に等しいような直線 PT をえがけば，点 Q が f のグ

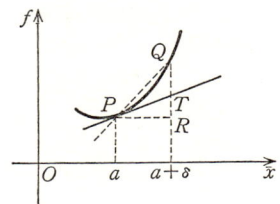

ラフの上で限りなく P に近づくときに，割線 PQ を Q より先に伸ばした直線は直線 PT の位置に重なるようにいくらでも近づいてゆく．この<u>直線 PT が，点 P における f のグラフの曲線の接線（tangent）</u>と呼ばれるものである．

注意 ニュートン商 (7.1) の $\delta \neq 0$ は，正の場合も負の場合も双方とも考慮に入れている（§3）．だから接線は，<u>接点（touching point）である点 P の右の方にも左の方にも同じ勾配で伸びている唯一本の直線である</u>．

§5 の反例に与えた $f(x)=|x|$ の場合には，そのグラフ上の点 $(0,0)$ で接線が定まらない（接線が引けない）．すなわち $|x|$ は $x=0$ で微分可能でない．このようにして

定理6 上の注意の前に論じた関数 f のグラフの点 $(a, f(a))$ を通る接線の方程式は

(7.2) $$y = f'(a)(x-a) + f(a)$$

で与えられる．

証明 (7.2) の右辺が x の一次式であるから，(7.2) で与えられる点 (x,y) の全体の集まりが直線を表わすことは，§6 の例 3′ のところで述べた．そうして $x=a, y=f(a)$ で与えられる点は (7.2) を満たすから，上の直線は点 $(a, f(a))$ を通る．なお (7.2) の右辺を x で微分してわかる通り，この直線の勾配は $f'(a)$ に等しい．

ゆえに (7.2) が，関数 f のグラフの点 $(a, f(a))$ を通る接線の方程式になっている． ∎

§8 微分と微分係数

微分商のことを**微分係数** (differential coefficient) と呼ぶことがある．これは§7における接線の勾配の説明を次のように再現してみると，その理由がよくわかる．

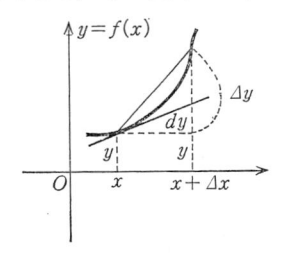

関数 $f(x)$ の導関数 $f'(x)$ を作る作業をする．x の変化を Δx とし，これに対する $y=f(x)$ の変化 $f(x+\Delta x)-f(x)$ を Δy とおくときのニュートン商は

$$(8.1) \qquad f_\delta'(x) = \frac{\Delta y}{\Delta x}$$

となる．これが f のグラフの点 (x,y) と点 $(x+\Delta x, y+\Delta y)$ を結ぶ割線の勾配で，$f'(x)$ は点 (x,y) における接線の勾配である．

$\Delta x, \Delta y$ は f のグラフ上での点 (x,y) の座標の変動であるが，もしもグラフの代わりに (x,y) における接線をとって，この接線上における点 (x,y) からの変動点 $(x+dx, y+dy)$（ただし $dx=\Delta x$ として）をとれば図から明らかに

$$(8.2) \qquad dy = f'(x)dx$$

となる．これが点 (x,y) における接線の方程式に他なら

ない.このようにdx, dyを接線上で定義すれば(8.2)の意味は明確であるが,Δxと等しいdxは,ニュートン商(8.1)の場合と同じく十分小さいものだけを考えれば済むという意味でdxを**微分**(differential)といい,dyをこのdxに対応する関数yの微分という.

よって,$f'(x)$は,微分$dy = f'(x)dx$の右辺の微分dxの係数になっている.この意味で,$f'(x)$をfのxにおける**微分係数**と呼ぶのであろう.ゆえに

$$(8.2)' \qquad \frac{dy}{dx} = f'(x) = Df(x) = \lim_{\Delta x \to 0} \frac{\Delta y}{\Delta x}$$

が成り立ち,微分商と微分係数は同義語である.

導関数の記号$\dfrac{dy}{dx}$はライプニッツに由来する.また,すでに述べたように,$\dot{y}$はニュートンに,f'はラグランジュに,またDfはコーシーによるものということである[*].

§9 関数値の増減の判定条件

変数xが小さい値から大きい値に変動するとき関数$f(x)$の値が必ず増加する場合,すなわち

$$(9.1) \qquad x_1 < x_2 \text{ ならば必ず } f(x_1) < f(x_2)$$

である場合には,$f(x)$は**増加関数**(increasing function)であるといわれる[**].また

---

[*] ライプニッツ(G. W. Leibniz, 1646-1716),ラグランジュ(J. L. Lagrange, 1736-1813),コーシー(A. L. Cauchy, 1789-1857).

[**] 増加に純を付けて**純増加**と呼ぶ人もあるが,増加しないで停滞しているものを増加というのもおかしいので,われわれは(9.

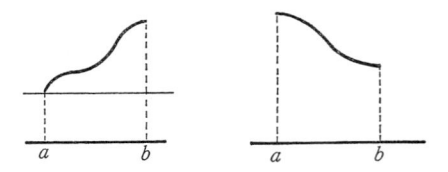

(9.2) $\quad x_1 < x_2$ ならば必ず $f(x_1) > f(x_2)$

となる場合には,$f(x)$ は**減少関数**(decreasing function)であるといわれる*.

増加関数のグラフは左図のように右上りの曲線で表わされ,また減少関数のグラフは右図のように右下りの曲線で表わされる.

例 1 $f(x)=x^2$ は $0 \leq x$ の範囲では増加関数であり,$x \leq 0$ の範囲では減少関数である.

証明 $x_2{}^2 - x_1{}^2 = (x_2 + x_1)(x_2 - x_1)$ であるから,$0 \leq x_1 < x_2$ ならば $f(x_1) < f(x_2)$,反対に,$x_1 < x_2 \leq 0$ ならば $f(x_1) > f(x_2)$. ∎

例 2 $f(x) = x^3$ ならば,$f(x)$ はいたるところで増加関数である.

証明 $x_2{}^3 - x_1{}^3 = (x_2 - x_1)(x_2{}^2 + x_1 x_2 + x_1{}^2)$ であるから,$0 \leq x_1 < x_2$ ならば $0 \leq f(x_1) < f(x_2)$.ところが $(-x)^3 =$

---

1) である場合に**増加関数**と呼ぶことにする.なお次の脚註もみられたい.

* 上と全く同じ意味で純減少関数という呼び方は,本書ではとらない.なお,次の p.43 における単調非減少,単調非増加などによって停滞する場合は処理できるのである.

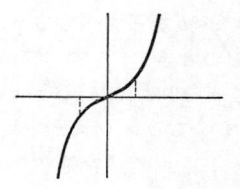

$-x^3$ であるから，$f(-x)=-f(x)$ となるので，f のグラフは上の図のようになって，いたるところ増加していることがわかる．

増加関数 f のニュートン商

$$f_\delta'(x) = \frac{f(x+\delta)-f(x)}{\delta}$$

は，$\delta>0$ のときには $f_\delta'(x)>0$ を満たす．$f'(x)$ は，$\delta\to 0$ のときに上の $f_\delta'(x)$ が限りなく近づく値であるから負でなくて

$$f'(x) \geq 0$$

となる．例えば上の例 2 の $f(x)=x^3$ では $f'(x)=3x^2$ であるから $f'(x)\geq 0$．このときは $f'(0)=0$ ともなっている．同じく例 1 の $f(x)=x^2$ では，$f'(x)=2x$ は $x\geq 0$ で $f'(x)\geq 0$，また $f'(0)=0$ であるが，$f'(x)$ は $x>0$ で >0．そしてまた $x<0$ では $f'(x)=2x<0$ である．

これらのことから，関数の増減を導関数の値の正・負によって知ることができるのではないかと予想される．実際に，次の重要な定理が成り立つ．

定理 7（増減の判定条件） 閉区間 $[a,b]$ における連続

関数 $f(x)$ が，$a<x<b$ なるすべての x において微分可能であるとする．このとき，(i) すべての x $(a<x<b)$ で $f'(x)>0$ ならば，$f(x)$ は $[a,b]$ において増加関数である．同じく (ii) すべての x $(a<x<b)$ で $f'(x)<0$ ならば，$f(x)$ は $[a,b]$ において減少関数である．

証明 (i) の方を証明する．$[a,b]$ から $a<c<d<b$ である 2 点 c,d をとったとき，$f(c)\geqq f(d)$ であったとして矛盾を導ければよい（**背理法**）．

仮定で $f'(c)>0$ であるから，横軸上 c に十分近い点 e で，$c<e<d$ かつ $f(e)>f(c)\geqq f(d)$ となる e があるはずである．

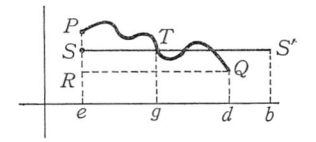

そこで図のように点 $P=(e,f(e))$ から点 $Q=(d,f(d))$ にいたる f のグラフの部分 $\overparen{PQ}$ を考える．そして直線 Pe の上に

$$\text{点 } R = (e,f(d)) \text{ と点 } S = \left(e, \frac{f(e)+f(d)}{2}\right)$$

とをとると，S は線分 PR の中点になっている．だから，S から右へ横軸と平行な直線 SS' を引くと，P は直線 SS' の上側に，Q は直線 SS' の下側にある．

ゆえに P から Q にいたる一つづきの切れ目のない曲線

$\widehat{PQ}$ を P からたどって行くとき初めて直線 SS' に到達する点 $T=(g, f(g))$ があるはずである*. 直線 SS' の上側からたどって行って初めて直線 SS' に属する点 T に到達したのであるから，微分商 $f'(g)$ の定義から，δ を負の値をとりつつ限りなく 0 に近づけたとき，$f(g+\delta)-f(g)>0$ と $\delta<0$ とによって，$f_\delta'(g) = \dfrac{f(g+\delta)-f(g)}{\delta} < 0$ となるので，負の数の極限として

$$f'(g) = \lim_{\delta \to 0} f_\delta'(g) \leq 0$$

となるが，これは (i) の仮定 $f'(g)>0$ に反する． ■

定理 7 を拡張して

定理 7' 閉区間 $[a, b]$ における連続関数 $f(x)$ が，$a<x<b$ なるすべての点において微分可能とする．このとき
(i) すべての x $(a<x<b)$ で $f'(x) \geq 0$ ならば，$f(x)$ は次の意味で**単調非減少** (monotone non-decreasing) である：
$(9.1)'$　　$x_1 < x_2$ ならば必ず $f(x_1) \leq f(x_2)$.
同じく (ii) すべての x $(a<x<b)$ で $f'(x) \leq 0$ ならば，$f(x)$ は次の意味で**単調非増加** (monotone non-increasing) である：
$(9.2)'$　　$x_1 < x_2$ ならば必ず $f(x_1) \geq f(x_2)$.

証明 (i) の方を証明する．正数 $\alpha>0$ を任意にとって

$$g(x) = f(x) + \alpha x$$

---

* ここでも §6 のときと同じく，**実数の連続性**によって T の存在することが保証されるのである.

を作る．$g'(x)=f'(x)+\alpha$ はつねに $\geqq \alpha>0$ であるから，定理7によって
$$g(x_1) < g(x_2)$$
すなわち $f(x_1)+\alpha x_1 < f(x_2)+\alpha x_2$ を得て
$$f(x_1) < f(x_2)+\alpha(x_2-x_1)$$
ここで正数 α を0に限りなく近づけると，右辺の第2項はいくらでも0に近づくので，結局 $f(x_1)\leqq f(x_2)$ でなければならない． ∎

定理7′が得られたので，次の重要な定理が導ける．

定理8 $[a,b]$ で連続な関数 $f(x)$ が，$a<x<b$ なるすべての x で $f'(x)=0$ であるならば，$f(x)$ は定数でなければならない．ゆえに $f(x)\equiv f(a)$.

証明 $f(x)$ が単調非減少であり同時に単調非増加でもあることから明らかである． ∎

§10 導関数の原始関数．ニュートンの流率と流量

前節の定理8は，微分法と積分法とをつなぐ際に基本的な役割りをつとめる．その模様はこれから本書の多くの個所に出て来るはずである．その最初のものとして

例1 v を定数とし，t の関数 $f'(t)$ で
(10.1) $$f'(t) = v$$
を満足する $f(t)$ を決定せよ．

解 関数 vt の導関数が v であることはすでに知っている（§4の例のi）．(10.1) を満足する関数 $f(t)$ に対して，$g(t)=f(t)-vt$ を作ると，$g'(t)=f'(t)-v=0$ となる．ゆ

えに定理8によって $g(t)=f(t)-vt=b$ となるような定数 b が存在する．すなわち (10.1) の解 f は，$f(t)=vt+b$ のごとく t の一次式で与えられる．

例2 v と b を定数とし，t の関数 $q(t)$ で
(10.2) $$q'(t) = vt+b$$
を満足する $q(t)$ を決定せよ．

解 関数 $\frac{1}{2}vt^2+bt$ の導関数が $vt+b$ であることはすでに知っている（§4の例 ii）．ゆえに $r(t)=q(t)-\left(\frac{1}{2}vt^2+bt\right)$ を作ると $r'(t)=q'(t)-(vt+b)=0$ となり，定理8によって，$r(t)=q(t)-\left(\frac{1}{2}vt^2+bt\right)=c$ となるような定数 c が存在する．すなわち (10.2) の解 $q(t)$ は，$q(t)=\frac{1}{2}vt^2+bt+c$ のごとく t の2次式で与えられる．

落体の法則について 地面から垂直に高さ h の空中から質点を落して，t 単位時間ののちに落下した質点の位置を，下図のように O から上向きに測った高さ $f(t)$ で表わすと，

(10.3) 　t 単位時間後の落下距離 $= h-f(t)$

このとき，左辺を t で微分して得られる質点の瞬間速度は，(2.4) に示したニュートンの法則により gt （$g=$ 重力定

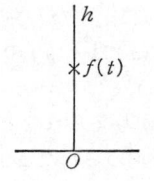

数)であるから,
$$gt = h' - f'(t) = -f'(t)$$
ゆえに上の例 2 によって

(10.4) $\quad f(t) = -\dfrac{1}{2}gt^2 + c \quad (c=\text{定数})$

この c が h に等しいことは,(10.3)において $t=0$ として得られる $0 = h - f(0)$ すなわち $f(0) = h$ と,(10.4)において $t=0$ として得られる $f(0) = 0 + c$ とから
$$h = c$$
と得られる.ゆえに (10.4) と (10.3) とによって,t 単位時間後の質点の落下距離はガリレイの法則の通りに
$$h - f(t) = c - f(t) = \dfrac{1}{2}gt^2.$$

また逆に,落下距離に関するガリレイの法則から落体の速度に関するニュートンの法則を導いた(§2)のであるから,結局「落体に関するガリレイの法則とニュートンの法則とは互いに同等な法則である」ことがわかったわけである.

原始関数 二つの関数 $F(x)$ と $f(x)$ との間に
(10.5) $\quad\quad\quad F'(x) = f(x)$
という関係があるときに,すなわち $f(x)$ が $F(x)$ の導関数であるときに,$F(x)$ は $f(x)$ の **原始関数**(primitive function)であるという.

定理 9 関数 $f(x)$ が与えられたとき,何らかの方法で,f の原始関数 $F(x)$ が求められたとすると,

(10.6) $\qquad F(x)+c$ (c は任意の定数)

によって，f の原始関数はすべて表わされる．

証明 まず，$(F(x)+c)'=F'(x)+c'=f(x)+0=f(x)$ であるから，(10.6) で与えられる関数はすべて f の原始関数である．

次に $G(x)$ が f の原始関数であるとしよう．$G(x)$ も $F(x)$ もともに微分可能であるから，§5 の定理 2 によって連続関数であり，したがって

$$K(x) = G(x)-F(x)$$

も連続関数である．その上，ニュートン商について，$K_\delta'(x)=G_\delta'(x)-F_\delta'(x)$ であるから，$\delta \to 0$ として $K'(x) = G'(x)-F'(x) = f(x)-f(x) = 0$ となる．ゆえに定理 8 から $K(x)=G(x)-F(x)=c$ となる定数 c があって，$G(x)=F(x)+c$ がいえた． ∎

ニュートンの流量と流率 ニュートンは，落体の時刻 t に至るまでの落下距離に限らず，すべて物理量の時刻 t における数量値を t の**関数**（function）としてとらえて**流量**（fluent）と呼び，流量 y の瞬間変化率を $\dot{y}$ と書いて流量 y の**流率**（fluxion）と呼んだ．すなわち，y が原始関数，$\dot{y}$ が y の導関数（derivative）ということである．数学の術語としての derivative は 1676 年に，また，function は 1692 年に双方ともライプニッツによって始めて使われたものだという．この function という英語のもとの意味は機能というのであった．ライプニッツは哲学者としても高名であっただけに，彼の用いた derivative, function ともに適切な

命名であったというのか，今日にいたるまでかわらずに使われているのである．

§11　関数の縦線図形の面積として原始関数を求めること．定積分

原始関数が容易に見出せない場合には，標題のようにして原始関数を求めることができる．

簡単の為に，閉区間 $[a,b]$ で<u>0 または正の値だけをとり，かつ単調非減少な関数 $f(x)$ を考える</u>．このとき点 $P=(a,f(a))$，点 $Q=(b,f(b))$ とし，縦線 aP，縦線 bQ，グラフ $y=f(x)$ および横線 ab で囲まれた図形を，**a から b までの f の縦線図形*** $aPQba$ と名付ける．そしてその面積を

$$(11.1) \qquad \int_a^b f(x)dx$$

で表わして，**f の a から b までの定積分**（definite inte-

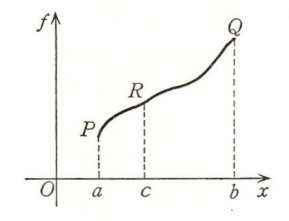

---

*　cR のような縦線（ordinate）の集まりであるということで，縦線集合というのでは余り一般的にすぎるようであるから，縦線図形とした．

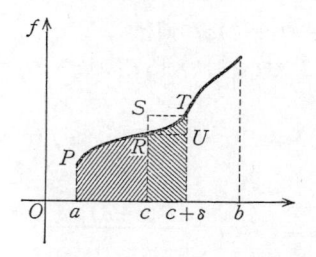

gral) または積分と呼ぶ*. ここで $a<c<b$ なる c をとって, a から c までの f の縦線図形 $aPRca$ の面積を $F(c)$ で表わすと,

$$(11.2) \qquad F(c) = \int_a^c f(x)dx$$

である. これを c の関数と考えて, そのニュートン商

$$F_\delta'(c) = \frac{F(c+\delta)-F(c)}{\delta}$$

を考える. この商の分子 $F(c+\delta)-F(c)$ は, $\delta>0$ とすると, 縦線図形 $cRTU(c+\delta)c$ の面積であるから

$$(11.3) \qquad F(c+\delta)-F(c) = \int_c^{c+\delta} f(x)dx$$

である. 関数 f が単調非減少であるから

　長方形 $cRU(c+\delta)c$ の面積
$= \{cR$ の長さ $f(c)\} \times \{RU$ の長さ $\delta\} = f(c)\delta$
$\leq$ 縦線図形 $cRT(c+\delta)c$ の面積 $\{F(c+\delta)-F(c)\}$

---

* このとき, a および b をそれぞれ定積分の**下端**および**上端**と呼ぶことがある.

≦ 長方形 $cST(c+\delta)c$ の面積
= {cS の長さ $f(c+\delta)$}×{ST の長さ δ} = $f(c+\delta)\delta$

を得る．すなわち

$$f(c)\delta \leq F(c+\delta)-F(c) \leq f(c+\delta)\delta$$

であるから

(11.4) $\quad f(c) \leq F_\delta'(c) = \dfrac{F(c+\delta)-F(c)}{\delta} \leq f(c+\delta)$

が成り立つ．ところが，関数 f は連続関数であるから，$\delta \to +0$ のとき $\lim\limits_{\delta \to +0} f(c+\delta)=f(c)$ となるので，(11.4) から

(11.5) $\qquad\qquad \lim\limits_{\delta \to +0} F_\delta'(c) = f(c)$

同様にして，$\delta>0$ のときに

$$f(c-\delta)\delta \leq F(c)-F(c-\delta) \leq f(c)\delta$$

したがって

(11.4)′ $\quad f(c-\delta) \leq \dfrac{F(c-\delta)-F(c)}{-\delta} = F_{-\delta}'(c) \leq f(c)$

も得られて，関数 f の連続性により，$\delta \to +0$ のとき $\lim\limits_{\delta \to +0} f(c-\delta)=f(c)$ となるので

$$\lim\limits_{\delta \to +0} F_{-\delta}'(c) = \lim\limits_{\delta \to -0} F_\delta'(c) = f(c)$$

となり，

(11.5)′ $\qquad\qquad \lim\limits_{\delta \to -0} F_\delta'(c) = f(c)$

結局 δ の符号の正負にかかわらず，$\delta \to 0$ のとき

(11.5)″ $$\lim_{\delta \to 0} F_\delta'(c) = F'(c) = f(c)$$

以上をまとめて

定理 10 $f(x)$ が閉区間 $[a,b]$ で i) 正の値または 0 をとり，ii) 単調非減少な連続関数ならば，任意の c ($a<c<b$) に対し，縦線図形 $aPRca$ の面積 $F(c)=\int_a^c f(x)dx$ は c の関数と考えると，

(11.6) $$F'(c) = f(c)$$

が成り立つ．

すなわち関数 f の原始関数 F が，f の縦線図形の面積として求められることがわかった．

註 c を変数 x として a と b の間を動かすときには (11.6) を次のように書く．

(11.7) $F(x) = \int_a^x f(t)dt$ として $F'(x) = f(x)$

c のところに x を使って $\int_a^x$ としたから横線 ax の間を動く変数として x と異なる t を使ったのである．定積分の上端を示す x と積分される関数 f の中に入る独立変数 t とを混同しない為の配慮である．

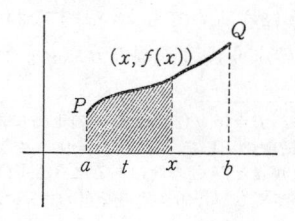

定理 10 の拡張　定理 10 において，$f(x)$ に関する**単調非減少**という条件 ii) は**単調非増加**という条件で置き替えても，証明は (11.4)，(11.4)′ の双方における不等号 ≦ を不等号 ≧ で置き替えるだけで成り立つ．

また定理 10 において，$f(x)$ が正または 0 の値をとるという条件 i) は取りはずすことができる．図のように負の値もとる単調非減少関数のときには，$PaVP$ のように横軸の下方にある縦線図形の面積には負の符号 -1 を付け，また $VRcV$ のように横軸の上方にある縦線図形の面積には正の符号 $+1$ を付けて計算することにすれば，定理 10 の証明が (11.6) と同じ結果を与えてくれる*からである．

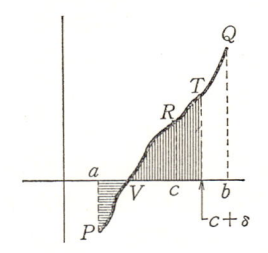

なおまた，関数 f が単調非増加または単調非減少という条件も次のようにゆるめてもよい．すなわち，a と b の間に $a<e<g<b$ のように有限個の分点 e, g をとると，関数

---

* 図のように，$R=(c, f(c))$ が横軸の上方にあるときは，$P=(a, f(a))$ が横軸の下にあっても，$\delta \to 0$ のとき $F_\delta'(c)=f(c)$ となる．また c が a と V との間にあるときも，$Q=(b, f(b))$ が横軸の下方にあっても，$\delta \to 0$ のとき $F_\delta'(c)=f(c)$ になる．

f は，

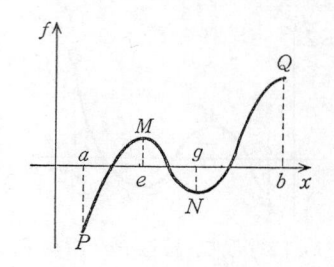

[a, e] においては単調非減少，

[e, g] においては単調非増加，

[g, b] においては単調非減少

というようになっているとしても，縦線図形の面積に上述のように正・負の符号をつけて議論すればよい．δ が小さい縦線図形 $cRT(c+\delta)c$ の面積を δ で割った $F_\delta'(c)$ の処理だけが問題なのであるからである．これらをまとめて定理 10 を拡張する為に

区分的に単調な関数の定義　区間 $[a, b]$ を
$$a = a_0 < a_1 < a_2 < \cdots < a_{n-1} < a_n = b$$
のように有限個の分点 $a_1, a_2, \cdots, a_{n-1}$ で n 個の小区間 [a_0, a_1], [a_1, a_2], $\cdots$, [a_{n-1}, a_n] に適当に分けると，関数 f が各小区間では単調非増加（または単調非減少）になっているときに，**関数 f は $[a, b]$ で区分的に単調である**という．

このとき定理 10 の拡張として，次の定理が成り立つ．

定理 10′　関数 f が閉区間 $[a, b]$ で連続であり，かつ f が $[a, b]$ で区分的に単調であるとする．このとき，$a < c$

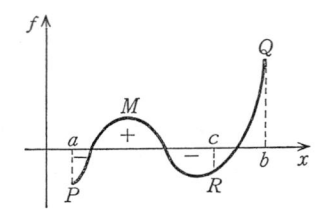

<b なる任意の c に対して, 縦線 Pa, 縦線 Rc, f のグラフのうち PMR および横線 ac で囲まれた縦線図形に図のように $-$, $+$ を付けて加え合わす計算をした面積を

$$F(c) = \int_a^c f(x)dx$$

で表わすと, 次の式が成り立つ.

(11.7)′ $\begin{cases} F(x) = \int_a^x f(t)dt \text{ に対して } F'(x) = f(x), \\ \text{かつ } F(a) = 0 \quad (a \leqq x \leqq b) \end{cases}$

ここに, $F(a) = \int_a^a f(t)dt = 0$ は, 横幅のない図形の面積は 0 ということを表わす. すなわち, $f(x)$ のグラフの縦線図形の面積

$$F(x) = \int_a^x f(t)dt$$

を求めると, この $F(x)$ が, $x=a$ における初期条件 $F(a)=0$ を満足する $f(x)$ の原始関数になっているのである.

定積分と原始関数との関係 縦線図形の面積を計算しないでも, $f(x)$ の原始関数 $F(x)$ が求められる場合がある. たとえば $f(x)=x^n$ に対して $F(x)=\dfrac{1}{n+1}x^{n+1}$ が原始関

数であることは既知である（§4の定理1）．このようなときは次の定理が成り立つ．

定理 11 $[a,b]$ で連続であり，かつ $[a,b]$ で区分的に単調であるような関数 $f(x)$ の原始関数 $F(x)$ に対して次式が成り立つ．

$$(11.8) \quad \int_a^x f(t)dt = F(x) - F(a) = F(t)\Big|_{t=a}^{t=x} *$$

証明 $\int_a^x f(t)dt$ は，f の縦線図形の面積（area）であるから，$\int_a^x f(t)dt = A(x)$ とおくと，定理 10′ に示したように，$A'(x) = f(x)$．また $(F(x) - F(a))' = F'(x) - \{$定数 $F(a)$ の微分商 $0\} = F'(x) = f(x)$．ゆえに定理9（§10）によって

$$(11.9) \quad A(x) + C = F(x) - F(a) \quad (C \text{ は定数})$$

ところが，$A(a) = \int_a^a f(t)dt = 0$，$F(a) - F(a) = 0$ であるから，(11.9) で $x=a$ とおいて $C=0$．この $C=0$ を (11.9) に代入して (11.8) が得られる． ∎

定積分と不定積分 関数 $f(x)$ の原始関数 $F(x)$ を，一般に $\int f(t)dt$ または $\int f$（または $\int f(x)dx$）と略記して f の**不定積分**（indefinite integral）と呼ぶ：

$$(11.10) \quad f \text{ の原始関数 } F(x) = \int f(t)dt$$

そうすると (11.8) を

---

* 記法 $F(x) - F(a) = F(t)\Big|_{t=a}^{t=x}$（あるいは略して $F(t)\Big|_a^x$）は便利なので，これからもしばしば使われる．

$(11.8)'\quad \int_a^x f(t)dt = F(x) - F(a) = \int f(t)dt \Big|_a^x$

と書けるので便利である．このようにして「不定積分 $\int f(t)dt$ の $\int$ の上端，下端にそれぞれ x, a を入れたものが，a から x までの定積分 $\int_a^x f(t)dt$ と同形になって好都合である」．<u>これが不定積分と定積分の関係である</u>．

計算例

(i) $\int_1^2 x^2 dx = \dfrac{x^3}{3}\Big|_1^2 = \dfrac{8}{3} - \dfrac{1}{3} = \dfrac{7}{3}$

(ii) $\int_a^b 1 \cdot dx = x\Big|_a^b = (b-a)$

(iii) $\int_1^4 x^3 dx = \dfrac{x^4}{4}\Big|_1^4 = \dfrac{256}{4} - \dfrac{1}{4} = \dfrac{255}{4}$

(iv) $\int_{-1}^1 x^3 dx = \dfrac{x^4}{4}\Big|_{-1}^1 = \dfrac{1}{4} - \dfrac{1}{4} = 0$

(v) $\int_{-1}^1 x^4 dx = \dfrac{x^5}{5}\Big|_{-1}^1 = \dfrac{1}{5} - \dfrac{-1}{5} = \dfrac{2}{5}$

(vi) $\int_1^2 (x^3 + 2x^2 + 3)dx = \left(\dfrac{x^4}{4} + \dfrac{2}{3}x^3 + 3x\right)\Big|_1^2$

$= \dfrac{x^4}{4}\Big|_1^2 + \dfrac{2}{3}x^3\Big|_1^2 + 3x\Big|_1^2$

$= \dfrac{16}{4} - \dfrac{1}{4} + \dfrac{2\times 8}{3} - \dfrac{2}{3} + 6 - 3 = \dfrac{137}{12}$

§12 微分積分法における基本定理

§11に述べたことから

(12.1) $\begin{cases} \dfrac{d}{dx}\displaystyle\int_a^x f(t)dt = f(x), \text{ かつ } F'(x)=f(x) \text{ ならば} \\ F(x)-F(a) = \displaystyle\int_a^x \dfrac{dF(t)}{dt}dt = \int_a^x f(t)dt \end{cases}$

が成り立つ．すなわち

「t の関数 f の a から x までの定積分を，x で微分すると，$f(x)$ になる」

および

「t の関数 F を t で微分したものの，a から x までの定積分は $F(x)-F(a)$ になる」

が成り立つ．ゆえに，微分するという操作と，積分するという操作とは互いに逆の操作であることが (12.1) によって示されている．よって (12.1) を微分積分法の基本定理（または基本公式）というのである．

この基本公式の系として

(12.2) $\quad F_\delta'(a) = \dfrac{F(a+\delta)-F(a)}{\delta} = \dfrac{1}{\delta}\displaystyle\int_a^{a+\delta} F'(t)dt$

が成り立つ．すなわち (12.1) のあとの式において $x=a+\delta$ として両辺を δ で割れば (12.2) が得られる．

これは F のニュートン商 $\dfrac{F(a+\delta)-F(a)}{\delta}$ は，$F'(t)$ の a から $a+\delta$ までの積分平均値

$$\dfrac{1}{\delta}\int_a^{a+\delta} F'(t)dt$$

に等しいことを示している.

註1 われわれは,上の**基本公式**を,関数 $f(x)$ および関数 $\dfrac{dF(x)}{dx}$ が<u>いずれも i) $[a,b]$ で連続であり</u>かつ ii) $[a,b]$ で区分的に単調であるという二つの条件のもとに導いた.この二つの条件のうち ii) を仮定しなくても,i) すなわち,f と $\dfrac{dF}{dt}$ の双方の連続性だけを仮定しても基本公式 (12.1) が成り立つことを証明できるのであるが,入門書である本書ではその証明にまでは立ち入らない.しかし通常の議論で遭遇するような関数はいずれも ii) を満足しているのが普通なので,ii) を仮定しても困ることはほとんどない.しかも関数 f が ii) を満足していることを確かめる為には,導関数 f' の値の符号を調べればよい(定理 7′)ので簡単である.

註2 定理 10′ の証明には i), ii) を満たす関数のグラフ**の縦線図形の面積**というものが定義できているかのようにして議論をすすめて来た.この<u>面積の定義についてまたその面積の求め方について</u>は次の §13 で述べる.

§13 前節に用いた縦線図形の面積の定義とその面積値の求め方

§11 の定理 10 の拡張のところで示したことからわかるように,<u>f が区間 $[a,b]$ で負の値をとらない単調非減少な連続関数である場合</u>に,その縦線集合の面積について考えればよい.

閉区間 $[a,b]$ を n 等分する分点をとる:

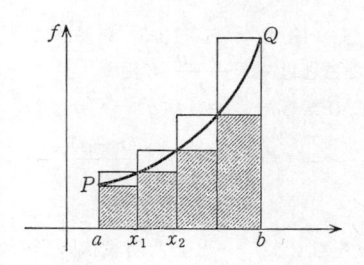

(13.1) $\quad a = x_0 < x_1 < x_2 < \cdots < x_{n-1} < x_n = b$

そうして等しい長さ $\delta_n = \dfrac{b-a}{n}$ の小さい閉区間

(13.2) $\quad [a, x_1], [x_1, x_2], \cdots, [x_{k-1}, x_k], \cdots, [x_{n-1}, x_n]$

が得られる．そうすると，斜線を施した**階段状図形** a_n の面積は次の s_n で与えられる：

(13.3) $\quad \begin{aligned}s_n = & f(a)\delta_n + f(x_1)\delta_n + f(x_2)\delta_n + \cdots \\ & + f(x_{k-1})\delta_n + \cdots + f(x_{n-1})\delta_n\end{aligned}$

また，f のグラフが対角点を通っているような長方形を上図のように，a_n の各階段の上にのせて得られた**階段状図形** A_n の面積は次の S_n で与えられる：

(13.4) $\quad \begin{aligned}S_n = & f(x_1)\delta_n + f(x_2)\delta_n + f(x_3)\delta_n + \cdots \\ & + f(x_k)\delta_n + \cdots + f(x_{n-1})\delta_n + f(b)\delta_n\end{aligned}$

そうして図のように $P=(a, f(a))$, $Q=(b, f(b))$ とすると

(13.5) $\quad \begin{cases}\text{縦線図形 } aPQba \text{ は, } a_n \text{ を含みかつ } A_n \text{ に含} \\ \text{まれる．すなわち } a_n \subseteqq aPQba \subseteqq A_n \text{ である}^*.\end{cases}$

---

* $\subseteqq$ は，左側の図形 a_n が右側の図形 $aPQba$ に含まれていることを示す記号である．同じく $\supseteqq$ の意味も明らかであろう．

そうしてまた，(13.4) から (13.3) を減ずると，関数 f が単調非減少なことと $\delta_n = \dfrac{b-a}{n}$ も用い

$$(13.6) \quad 0 \leqq S_n - s_n = (f(b) - f(a))\delta_n$$
$$= (f(b) - f(a))\dfrac{(b-a)}{n}$$

が得られる．

ここで，n を $2, 2^2, 2^3, \cdots$ とした階段状図形の列 $a_2, a_{2^2}, a_{2^3}, \cdots$ および階段状図形の列 $A_2, A_{2^2}, A_{2^3}, \cdots$ を考えれば

$$(13.7) \quad \begin{cases} a_2 \subseteqq a_{2^2} \subseteqq a_{2^3} \subseteqq \cdots \\ A_2 \supseteqq A_{2^2} \supseteqq A_{2^3} \supseteqq \cdots \end{cases}$$

となる．すなわち a_{2^n} の方は，$n = 1, 2, \cdots$ に対して，順々に次のものに含まれてゆく．階段状図形 a_{2^n} を作るときの横軸上の各小区間を2等分して得た階段状図形が $a_{2^{n+1}}$ であるからである．

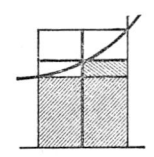

そして A_{2^n} の方は，$n = 1, 2, \cdots$ に対して，順々に次のもの $A_{2^{n+1}}$ を含んでゆくのである．

ゆえに，$n = 1, 2, 3, \cdots$ に対して

$$(13.8) \quad a_{2^n} \subseteqq \text{縦線図形} aPQba \subseteqq A_{2^n}$$

であるだけでなく，(13.7) から面積について

$$(13.7)' \quad s_2 \leqq s_{2^2} \leqq s_{2^3} \leqq \cdots \leqq S_{2^3} \leqq S_{2^2} \leqq S_2$$

$$\underset{s_2\ \ s_{2^2}\ \ s_{2^3}\ \ \ \ \ \ \ \ \ \ S_{2^3}\ \ S_{2^2}\ \ S_2}{\times\!-\!\!\times\!-\!\!\times\!-\!\!\!-\!\!\overset{r}{-}\!\!-\!\!\!-\!\!\times\!-\!\!\times\!-\!\!\times}$$

が，また (13.6) から

(13.6)′　 $0 \leq S_{2^n} - s_{2^n} \leq (f(b)-f(a))\dfrac{(b-a)}{2^n}$

が得られる．(13.7)′ から，n を 1, 2, 3, … と限りなく大きくしていったとき*には s_{2^n} は上図のように，数を目盛った横軸に平行な直線上**を右へ右へと並んでゆくが***，それらはどの S_{2^n} よりも左側にある．同じく，n を 1, 2, 3, … と限りなく大きくしていったときには，S_{2^n} は数直線上を左へ左へと並んでゆく****が，それらはどの s_{2^n} よりも右側にある．

こうなっているだけでなく，(13.6)′ があって s_{2^n} と S_{2^n} とは，n を限りなく大きくしてゆくときお互いにいくらでも近づいてゆく．このようなときには，

　　　 $s_2 \leq s_{2^2} \leq s_{2^3} \leq \cdots \leq r \leq \cdots \leq S_{2^3} \leq S_{2^2} \leq S_2$

となっているような数 r が唯一つ定まるほかはないというのが，「実数の連続性」*****の教えるところである．この r を

---

　*　このようなとき $n \to \infty$ または $n \to +\infty$ と書く．
　**　数直線と呼ばれている．
　***　$s_2 = s_{2^2}$ となっていることもあり得る．
　****　$S_{2^2} = S_{2^3} = S_{2^4}$ となっていることもあり得る．
　*****　「実数の連続性」ということにはさきに触れた §6 の定理 4 の証明の脚註（35 ページ）をみられたい．

$$(13.9) \qquad r = \lim_{n\to\infty} s_{2^n} = \lim_{n\to\infty} S_{2^n}$$

と書いて,「$n\to\infty$ なるときの数列 s_{2^n} の極限」と「$n\to\infty$ なるときの数列 S_{2^n} の極限」とが一致して r に等しいというのである.

このようにして,階段状図形 a_{2^n} と階段状図形 A_{2^n} で縦線図形 $aPQba$ を挟み込むことができることを,<u>$aPQba$ の面積が定義可能であるといい,その面積値 r は (13.9) で与えられる</u>というのである.すなわち

$$(13.9)' \qquad \int_a^b f(x)dx = \lim_{n\to+\infty} s_{2^n} = \lim_{n\to+\infty} S_{2^n}$$

註 このようにして縦線図形 $aPQba$ の面積が定まったので,この図形に対して (13.5) の関係にある階段状図形 a_n の面積 s_n と階段状図形 A_n の面積 S_n についても (13.6) から

$$s_n \leqq \int_a^b f(x)dx \leqq S_n$$

かつ

$$(13.9)'' \qquad \int_a^b f(x)dx = \lim_{n\to+\infty} s_n = \lim_{n\to+\infty} S_n$$

が成り立つ.この意味で s_n と S_n とをそれぞれ $\int_a^b f(x)dx$ の**不足和**および**過剰和**と呼ぶことがある*.このような和

---

* $f(x)$ が $a\leqq x\leqq b$ で連続であれば,$a\leqq x\leqq b$ で区分的に単調でなくとも,(13.9)″ が成り立つように,f のグラフの縦線図形の不足和と過剰和を作ることができて,f の縦線図形の面積

(sum) の極限であるので頭字エスをひきのばして積分記号 $\int$ としたのはライプニッツの門弟ベルヌイ (Jacob Bernoulli, 1654-1705) であるということである.

計算例 $f(x)=x^2$, $a=0$, $b=1$ のとき.

$[0,1]$ を n 等分して
$$a = 0 < x_1 < x_2 < \cdots < x_{n-1} < x_n = 1$$
とすると, $\delta_n = \dfrac{1}{n}$ として
$$a = 0, \ x_1 = \delta_n, \ x_2 = 2\delta_n, \cdots, x_{n-1} = (n-1)\delta_n$$
である. ゆえに
$$\begin{aligned}s_n &= \delta_n{}^2 \cdot \delta_n + (2\delta_n)^2 \delta_n + \cdots + ((n-1)\delta_n)^2 \delta_n \\ &= \delta_n{}^3 \{1^2 + 2^2 + \cdots + (n-1)^2\}\end{aligned}$$
である. あとから証明するように

(13.10) $\quad 1^2 + 2^2 + \cdots + n^2 = \dfrac{1}{6} n(n+1)(2n+1)$

であるから,
$$s_n = \frac{(n-1)n(2(n-1)+1)}{6n^3} = \frac{1}{6}\left(1-\frac{1}{n}\right)\left(2-\frac{1}{n}\right)$$
ところが, $n \to +\infty$ のとき $\dfrac{1}{n} \to 0$ となるので, $\displaystyle\lim_{n\to+\infty}\left(1-\dfrac{1}{n}\right)=1$, $\displaystyle\lim_{n\to+\infty}\left(2-\dfrac{1}{n}\right)=2$. ゆえに

(13.11) $\qquad \displaystyle\lim_{n\to+\infty} s_n = \dfrac{1}{6} \cdot 1 \cdot 2 = \dfrac{1}{3}$

こうして数列 $s_1, s_2, \cdots, s_n, \cdots$ が, $n \to +\infty$ なるときいく

$\int_a^b f(x)dx$ を定義できるのであるが, ここではその証明などにも立ち入らない.

らでも $\frac{1}{3}$ に近づくのであるから,上の数列の部分であるような数列 $s_2, s_{2^2}, s_{2^3}, \cdots, s_{2^n}, \cdots$ もまた,$n \to +\infty$ なるときいくらでも $\frac{1}{3}$ に近づく.すなわち

(13.11)′ $$\lim_{n \to +\infty} s_{2^n} = \frac{1}{3}$$

を得たから,$\int_0^1 x^2 dx = \frac{1}{3}$ が求められた.

(13.10) の証明 $(k+1)^3 - k^3 = 3k^2 + 3k + 1$ に $k = 1, 2, 3, \cdots, n$ を代入すると

$$2^3 - 1^3 = 3 \times 1^2 + 3 \times 1 + 1$$
$$3^3 - 2^3 = 3 \times 2^2 + 3 \times 2 + 1$$
$$4^3 - 3^3 = 3 \times 3^2 + 3 \times 3 + 1$$
$$\cdots\cdots\cdots\cdots\cdots\cdots\cdots\cdots\cdots\cdots$$
$$(n+1)^3 - n^3 = 3 \times n^2 + 3 \times n + 1$$

この n 個の式を加えると

$$(n+1)^3 - 1^3$$
$$= 3(1^2 + 2^2 + \cdots + n^2) + 3(1 + 2 + \cdots + n) + n$$

ところが

$$1 + 2 + 3 + \cdots + n = \frac{n(n+1)}{2}$$

だから*,$1^2 + 2^2 + \cdots + n^2 = B$ とおけば

$$(n+1)^3 - 1^3 = 3B + \frac{3}{2}n(n+1) + n$$

これから $3B = (n+1)^3 - 1 - \frac{3}{2}n(n+1) - n$.よって,

---

* $(1 + 2 + \cdots + n) + (n + (n-1) + \cdots + 1)$
$= (n+1) + (n+1) + \cdots + (n+1) = n(n+1)$

$$B = \frac{1}{6}n(n+1)(2n+1).$$

註 原始関数 $\int x^2 dx = \dfrac{x^3}{3}$ を知っていれば $\int_0^1 x^2 dx = \dfrac{x^3}{3}\Big|_0^1 = \dfrac{1}{3}$ というニュートン・ライプニッツの方法の方がずっと簡単かつ一般的である.

第 I 編のあとがき 以上で微分積分法の基本定理が得られたが，そこでは関数の増減を判定する定理 7 と，これから導かれる定理 7′, 定理 8 などが重要な役割りをつとめた．教科書では，これらの定理を，いわゆる平均値の定理*から導くのが普通のようである**.

ところが平均値の定理は，ラグランジュによって**有限増加公式**（Formule des accroissements finis）という名で与えられた公式であるという．この公式をきちんと証明しようとすれば，やはり，約 100 年前にワイヤストラス（K.

---

* $f(x)$ が $[a, b]$ で連続でかつ開区間 (a, b) で $f'(x)$ が存在するならば，$f(b) - f(a) = (b-a)f'(a + \theta(b-a))$ となるような定数 θ $(0 < \theta < 1)$ が存在するという定理.

** 寡聞な筆者が，執筆中に気付いた例外は，L. Bers: Calculus, Holt, Reinhart and Winston Inc. (1969) と P. Lax-S. Burstein-A. Lax: Calculus with Applications and Computing, Vol. 1, Springer-Verlag (1976) であった．Bers の本では，第 4 章 Derivatives の 4.2 に定理 7 と同じことを述べ，その証明は，この章の終りの附録のなかで与えていて，それは本書のと本質的に同じである．Lax らの本では定理 7 と同じことを早く与えているが，$f'(x)$ は連続であるとしてのことであるから，ちょっと扱いが異なっている.

Weierstrass, 1815-1897），カントール（G. Cantor, 1845-1918），デデキント（R. Dedekind, 1831-1916）の3人によって確立された**実数論**に基づかなければならない．それより古い18世紀に活躍したラグランジュによる有限増加公式の証明は直観的なものであったに違いない*．それならば，上に述べて来たような，$f'(x)$の値の正・負によって直接に関数$f(x)$の増・減を云々するやり方が，ニュートン・ライプニッツの微分積分法発見につづく時代の雰囲気に近いかも知れないと思って，そのような扱いにした次第である．ついでながら，定理7のような考え方をより精密にした議論は，ルベーグ（H. Lebesgue, 1875-1941）やダンジョア（A. Denjoy, 1884-1974）の積分論において重要な役割りをつとめることを注意しておきたい．これらに興味をもつ読者はS. Saks: Theory of the Integral, Warsaw, 1937をみられたい．

---

* ラグランジュより後の人コーシー（A. L. Cauchy）の『微分積分学要論』（小堀憲訳，共立出版）に出ているコーシーによる有限増加公式の証明（p. 30）も直観的であるが，面白いことに前掲のLax-Burstein の書物と同じく $f'(x)$ の連続性を前提としているようである．微分積分法の基本定理 $f(b)-f(a)=\int_a^b f'(t)dt$ のときには $f'(t)$ の連続性は前提とするのであるから，Lax たちの行き方も一つの見識であるかも知れないが，ちょっと違和感がある．

II

微分積分法の基本定理の強化と活用

Ⅰに述べた微分積分法の基本定理を活用する為には，微分，積分の方法を理論的のみならず技術的にも深める必要がある．また解析に登場してくる有用な関数としての，対数関数およびその逆関数である指数関数，また指数関数と密接な関係にある三角関数などあわせて，いわゆる初等関数についてその重要な性質を論じておかなければならない．

それで，まずⅡ₁微分法においては，関数の和・差・積・商の微分法，合成関数や逆関数の微分法を整理して述べた．つぎにⅡ₂積分法では，積分の加法性や部分積分法，置換積分のみならず，微分積分法の基本定理を部分積分法を用いて精密にしたものとしてテイラー展開についても述べた．

Ⅱ₁，Ⅱ₂を用意したのでⅡ₃に対数関数と指数関数を，またⅡ₄に三角関数を叙述した．

その他とくに，事象の解析的取扱いを微分方程式として把握するということこそ，ニュートンに始まる微分積分法の活用の本舞台であることを考慮して，Ⅱ₅一次元の力学とⅡ₇二次元の力学を設けた．Ⅱ₅においては振動の方程式として，定数係数の二階線形常微分方程式について一般論をていねいに述べた．またⅡ₇においては，ニュートン

によって論じられた．抛物運動や，万有引力仮設に基づく惑星や人工衛星の軌道について述べた．

これらはいずれも二階の線形常微分方程式であるので，まず一階の常微分方程式に慣れさせる為に，II$_3$においてアメーバ増殖型の微分方程式や人口変動型の微分方程式など，線形ではないが変数分離法で完全に解ける一階微分方程式について述べておいた．

なおII$_6$数値計算には，テイラー展開や，また方程式の根を近似するニュートンの方法を，誤差評価をも含めて述べた．さらに数値積分に著しく有効なシンプソン公式についても誤差評価をも含めて触れた．これらの方法は，近頃のポケット電気計算器（いわゆる電卓）のおかげで，一昔前と異なり，数表の御厄介にならずに，くわしい数値計算ができるようになったので実用上にも役立つものと考える次第である．

II₁ 微 分 法

§14 微分法の公式（和差積商の微分）

1) **和の微分法** f, g がともに微分可能なところでは，$f+g$ および $f-g$ も微分可能で

(14.1) $\quad \boxed{(f+g)' = f'+g'} \quad \boxed{(f-g)' = f'-g'}$

証明 これは，いままでにも特別な場合（§3の問題1, 2など）に使ったことのあるものである．証明はそれらと全く同じで，

$$(f+g)'_\delta(x) = \frac{f(x+\delta)+g(x+\delta)}{\delta} - \frac{f(x)+g(x)}{\delta}$$
$$= f'_\delta(x) + g'_\delta(x)$$

そして，f, g が微分可能な x においては，

$\quad \delta \to 0$ なるとき $f'_\delta(x) \to f'(x), \ g'_\delta(x) \to g'(x)$*

であるから

$\quad \delta \to 0$ なるとき $(f'_\delta(x) + g'_\delta(x)) \to (f'(x) + g'(x))$

ゆえに $\delta \to 0$ なるとき $(f+g)'_\delta(x)$ の極限は存在して $f'(x) + g'(x)$ でなければならない．すなわち

$\quad \delta \to 0$ のとき

$\qquad (f+g)'_\delta(x) \to (f+g)'(x) = f'(x) + g'(x)$

こうして（14.1）が証明された．$(f-g)$ の方も同様． ∎

---

* $\delta \to 0$ なるとき $f'_\delta(x) \to f'(x)$ という記法は，$\lim_{\delta \to 0} f'_\delta(x) = f'(x)$ なることを示す（§4を見よ）．

§14 微分法の公式（和差積商の微分）

系として，$f_1, f_2, \cdots, f_k$ がすべて微分可能なところでは，

(14.1)′ $\quad (f_1+f_2+\cdots+f_k)' = f_1'+f_2'+\cdots+f_k'$

2) 積の微分法 f, g がともに微分可能なところでは，fg が微分可能で

(14.2) $\quad \boxed{(fg)' = f'g + fg'}$

証明 $\quad (fg)_\delta'(x) = \dfrac{f(x+\delta)g(x+\delta) - f(x)g(x)}{\delta}$

$= \dfrac{f(x+\delta)g(x+\delta) - f(x)g(x+\delta) + f(x)g(x+\delta) - f(x)g(x)}{\delta}$

$= f_\delta'(x) \cdot g(x+\delta) + f(x) \cdot g_\delta'(x)$

この右辺第 1 項において

$\quad \delta \to 0$ のとき $f_\delta'(x) \to f'(x)$ かつ $g(x+\delta) \to g(x)$*

であるから，

$\quad \delta \to 0$ のとき $f_\delta'(x) \cdot g(x+\delta) \to f'(x) \cdot g(x)$

また，右辺第 2 項について

$\quad \delta \to 0$ のとき $f(x) \cdot g_\delta'(x) \to f(x) \cdot g'(x)$

よって，左辺の $(fg)_\delta'(x)$ は $\delta \to 0$ のとき極限 $(fg)'(x)$ をもち，その極限は $f'(x)g(x) + f(x)g'(x)$ に等しい．∎

系として，定数 c に対して $c' = 0$ を用い，

(14.3) $\quad \boxed{(cf)' = cf'}$

応用例 1 $f(x) = x^n$ のとき $f'(x) = nx^{n-1}$．

説明 この公式は既に定理 1 (§4) に証明してあるが，次のように帰納法で証明することもできる：

---

* 定理 2 (§5) により，g が x で微分可能であれば，g は x において連続である．

$n=1$ のときは $f(x)=x$ で,$f'(x)=1=1\cdot x^{1-1}$ が成り立つことは既知である(§4).いま $n=2,3,\cdots,k$ まで $(x^k)'=kx^{k-1}$ が成り立つと仮定すれば,(14.2) によって
$$(x^{k+1})' = (x^k\cdot x)' = (x^k)'\cdot x + x^k\cdot x'$$
$$= kx^{k-1}\cdot x + x^k\cdot 1 = (k+1)x^k$$
が成り立つから,n が k の次の $k+1$ のときにも公式が成り立つ.

したがって,上の論法で n が $k+1$ の次の $k+2$ のときにも公式は成り立つ.これを繰りかえして,すべての自然数 n に対して公式が成り立つ(この論法を**数学的帰納法**——mathematical induction——という).

(14.1)′ と (14.3) により,$c_1, c_2, \cdots, c_k$ が定数のとき
(14.4) $\qquad (c_1f_1 + c_2f_2 + \cdots + c_kf_k)'$
$$= c_1f_1' + c_2f_2' + \cdots + c_kf_k'$$

問題 1 $f(x)=(1-x^2)(1-2x^3)$ のとき $f'(x)$ を求めよ.

解 $f(x) = 1 - 2x^3 - x^2 + 2x^5$ であるから,
$$f'(x) = -6x^2 - 2x + 10x^4$$

別解として,(14.2) を用いれば,
$$f'(x) = (1-x^2)'(1-2x^3) + (1-x^2)(1-2x^3)'$$
$$= -2x(1-2x^3) + (1-x^2)(-6x^2)$$
$$= -2x + 4x^4 - 6x^2 + 6x^4 = -2x - 6x^2 + 10x^4$$

3) **逆数の微分法** f が $x=a$ において微分可能でありかつ $f(a) \neq 0$ ならば,$\dfrac{1}{f}$ は $x=a$ で微分可能であり

(14.5) $$x=a \text{ で } \left(\frac{1}{f(x)}\right)' = \frac{-f'(x)}{f(x)^2}$$

が成り立つ.

証明 定理2 (§5) によって, f は $x=a$ で連続である. しかも $f(a) \neq 0$ であるから, $|\delta|$ が十分小さいときには $f(a+\delta)$ は $f(a)$ に近いので, $f(a+\delta) \neq 0$ である. だから $\frac{1}{f}$ のニュートン商を

$$\left(\frac{1}{f}\right)'_\delta (a) = \frac{f(a+\delta)^{-1} - f(a)^{-1}}{\delta} = \frac{f(a) - f(a+\delta)}{\delta f(a) \cdot f(a+\delta)}$$

$$= -f'_\delta(a) \cdot \frac{1}{f(a)} \cdot \frac{1}{f(a+\delta)}$$

と変形できる. f が a で微分可能であるから, 定理2により, $\delta \to 0$ のとき $f(a+\delta) \to f(a)$ である. ゆえに上式最右辺は, $\delta \to 0$ のとき $\to -f'(a) \frac{1}{f(a)^2}$ である. ∎

応用例2 $f(x) = x^k$ の逆数関数 $\frac{1}{f(x)} = x^{-k}$ である ($k = 0, 1, 2, \cdots$) から

$$(x^{-k})' = -f'(x) \frac{1}{f(x)^2} = -kx^{k-1} \cdot \frac{1}{x^{2k}} = -kx^{-k-1}$$

すなわち, 応用例1と合わせて

(14.6) $$\boxed{(x^n)' = nx^{n-1}} \quad (n = 0, \pm 1, \pm 2, \cdots)$$

同じく (14.5) の応用として, (14.2) と組合わせて

4) **商の微分法** f, g ともに $x=a$ で微分可能であり, かつ $g(a) \neq 0$ ならば, $x=a$ で

(14.7) $$\boxed{\left(\frac{f(x)}{g(x)}\right)' = \frac{f'(x)g(x) - f(x)g'(x)}{g(x)^2}}$$

証明 $\left(\dfrac{f}{g}\right)' = \left(f \cdot \dfrac{1}{g}\right)' = f' \cdot \dfrac{1}{g} + f \cdot \left(-\dfrac{g'}{g^2}\right) = \dfrac{f'g - fg'}{g^2}$ ∎

系として，x の多項式*の比である，x の有理式の導関数は計算できる．

問題2 $\left(\dfrac{x}{x^2+2}\right)'$ を求めよ．

§15 合成関数の微分法

前節では，いくつかの関数が与えられたとき，それらの和，差，積，商を作ることによって得られた新しい関数の導関数を，初めに与えられた諸関数およびその導関数によって計算する為の公式について述べた．標題の**合成関数** (composite function) は，和差積商よりも複雑な新しい関数を作る手続きである．一つの例を挙げよう．

例1 ロケット R を地点 U から打ち上げて t 秒経過したときの上昇距離を $h(t)$ キロメートルとする．打ち上げ地点から 20 キロメートル離れた観測点 K から R までの距離 d を t の関数として表わせ．

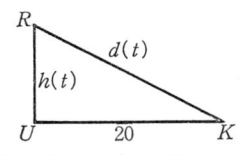

解 直角三角形に関するピタゴラスの定理で

$$\text{斜辺の長さ } d = \overline{RK} \text{ の 2 乗 } d^2 = h^2 + 20^2$$

であるから，$d(t) = \sqrt{h(t)^2 + 400}$．すなわち

---

* 多項式の導関数は，(14.4) と (14.6) とから計算できるので．

$$f = g^{1/2}, \quad g = h^2 + 400, \quad h = h(t)$$

という三つの関数が与えられたとき，変数 t の関数 $h(t)$, h の関数 g, g の関数 f とたどって f を t の関数と考えたものが $d(t)$ である．これを $d(t) = f(g(h(t)))$ と書いて，t の関数 d は，f, g, h を次の順序に<u>合成した関数</u>といい，$d = f \circ (g \circ h)$ のように書く．

例2 $f(g) = \dfrac{1}{g+2}$, $g(x) = x^2 + 1$ のとき

$$(f \circ g)(x) = \frac{1}{x^2 + 3}, \quad (g \circ f)(x) = \left(\frac{1}{x+2}\right)^2 + 1$$

であるから，一般に $f \circ g \neq g \circ f$ である．

合成関数の定義 f, g を二つの関数とし，<u>f は，g のとる値として得られるすべての数に対して定義されているとする</u>．このときには，記号 $f \circ g$ で表わされ，x における値が

(15.1) $\qquad (f \circ g)(x) = f(g(x))$

である新しい関数を定義することができる．上式の右辺は，「x を与えて $g(x)$ を求めてから，f の $g(x)$ における値をとる」ことを示している．この $f \circ g$ が f と g との**合成関数**である．

合成関数の微分については，次の定理が成り立つ．

定理12 f と g との合成関数 $f \circ g$ に対して，$g(x)$ が $x = a$ で微分可能で，さらに $f(y)$ が $y = g(a)$ で微分可能ならば，次の公式が成り立つ．

(15.2) $\qquad (f \circ g)'(a) = f'(g(a)) \cdot g'(a)$

証明 $f \circ g$ のニュートン商は，(15.1) を用い

$$(15.3) \quad (f \circ g)'_\delta(a) = \frac{(f \circ g)(a+\delta) - (f \circ g)(a)}{\delta}$$
$$= \frac{f(g(a+\delta)) - f(g(a))}{\delta}$$

となる. g のニュートン商については

$$g'_\delta(a) - g'(a) = \frac{g(a+\delta) - g(a)}{\delta} - g'(a) = \gamma(\delta)$$

とおくと, $\delta \to 0$ のとき $\gamma(\delta) \to 0$ である. $\delta \to 0$ のとき $g'_\delta(a) \to g'(a)$ であるからである.

ゆえに,

(15.4) $\begin{cases} g(a+\delta) = g(a) + \delta g'(a) + \delta \cdot \gamma(\delta) \text{ において,} \\ \delta \to 0 \text{ のとき } \gamma(\delta) \to 0 \end{cases}$

これは, $\delta \neq 0$ としたニュートン商 $g'_\delta(a)$ から導いたものである. しかし $\gamma(0) = 0$ と定義しておけば, 上式は $\delta = 0$ のときにも成り立つ. 両辺が $g(a)$ になるからである.

同じ議論を $f(g(a) + \eta)$ に適用して

(15.5) $\begin{cases} f(g(a) + \eta) = f(g(a)) + \eta \cdot f'(g(a)) + \eta \cdot \varphi(\eta), \\ \varphi(0) = 0 \text{ かつ } \eta \to 0 \text{ のとき } \varphi(\eta) \to 0 \end{cases}$

を得る. ゆえに

$$\eta = \delta \cdot g'(a) + \delta \cdot \gamma(\delta)$$

とおいて (15.4) を用い, $g(a+\delta) = g(a) + \eta$. よって, (15.5) から, 上の $\eta = \delta \cdot g'(a) + \delta \cdot \gamma(\delta)$ も用い

$$\frac{f(g(a+\delta)) - f(g(a))}{\delta} = \frac{\eta \cdot f'(g(a)) + \eta \cdot \varphi(\eta)}{\delta}$$

§15 合成関数の微分法

$$= f'(g(a))\frac{\delta \cdot g'(a)+\delta \cdot \gamma(\delta)}{\delta}+\varphi(\eta)\frac{\delta \cdot g'(a)+\delta \cdot \gamma(\delta)}{\delta}$$

$$= f'(g(a))\{g'(a)+\gamma(\delta)\}+\varphi(\eta)\{g'(a)+\gamma(\delta)\}$$

を得る．(15.4) により $\delta \to 0$ のとき $\gamma(\delta) \to 0$，したがってまた，上の $\eta = \delta \cdot g'(a)+\delta \cdot \gamma(\delta)$ から，$\delta \to 0$ のとき $\eta \to 0$ ともなって，(15.5) によって，$\delta \to 0$ のとき $\varphi(\eta) \to 0$ もいえる．ゆえに (15.3) と上の式とから

$$\lim_{\delta \to 0}(f \circ g)'_\delta(a) = \lim_{\delta \to 0}\frac{f(g(a+\delta))-f(g(a))}{\delta}$$
$$= f'(g(a)) \cdot g'(a) \qquad \blacksquare$$

註 $\delta \neq 0$ で $\delta \to 0$ となる途中でつねに $g(a+\delta)-g(a) \neq 0$ ならば，

$$\frac{f(g(a+\delta))-f(g(a))}{\delta}$$

$$= \frac{f(g(a+\delta))-f(g(a))}{g(a+\delta)-g(a)} \cdot \frac{g(a+\delta)-g(a)}{\delta}$$

から，$\lim_{\delta \to 0}(f \circ g)'_\delta(a) = f'(g(a)) \cdot g'(a)$ が直ちに求められるが，「$\delta \to 0$ となる途中でつねに $g(a+\delta)-g(a) \neq 0$ であるとは限らない」ので上のような証明をしなければならないのである．

(15.2) の応用例 $\dfrac{d}{dx}(2x^3+x)^{10} = 10(2x^3+x)^9 \cdot (6x^2+1)$

§16 逆関数の微分法

閉区間 $[a, b]$ において連続な関数 $y=f(x)$ が，この区間において増加関数とすると，この区間における y の最小値は $f(a)$，最大値は $f(b)$ である．このとき，$f(a)$ と $f(b)$ との間の任意の値 η に対して $f(\xi)=\eta$ となるような ξ が a と b との間に唯一つ定まる．このような ξ があることは，連続関数に関する中間値の定理（§6の定理5）からわかる．そのような ξ が一つしかないことは，f が増加関数である —— $\xi_1<\xi_2$ ならば $f(\xi_1)<f(\xi_2)$ である —— ことから明らかである．こうして

逆関数の定義 $y=f(x)$ を，ある閉区間 $[a, b]$ のすべての x に対して定義された，連続な増加関数（または減少関数）とする．このとき，

$$f(a) < y_1 < f(b) \ (\text{または} f(a)>y_1>f(b))$$

なる y の値 y_1 に対して $f(x_1)=y_1$ となるような x の値 x_1 が，$a<x_1<b$ となるように唯一つ対応する．ゆえに関数 f の**逆関数**[*]g が，この対応によって $x=g(y)$ のごとく定義される．

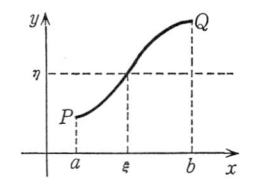

---

[*] inverse function

逆関数 g は，f の $[a,b]$ においてとる値として現われる数 y に対してだけ定義される．そして基本的な関係
(16.1) $$f(g(y)) = y, \ g(f(x)) = x$$
が成り立つ*．

定理 13 ある閉区間で連続な増加（または減少）関数 $y=f(x)$ の逆関数 $x=g(y)$ は連続関数である．そしてもし f が上の区間の内部の点 $x=x_1$ で微分可能でかつ $f'(x_1) \neq 0$ ならば，g は $y_1=f(x_1)$ で微分可能でありかつ

(16.2) $$g'(y_1) = \frac{1}{f'(x_1)} = \frac{1}{f'(g(y_1))}$$

証明 どちらでも同じことであるから，$f(x)$ は増加関数とする．初めに逆関数 $x=g(y)$ が，$y=y_1=f(x_1)$ において連続なことを示す．

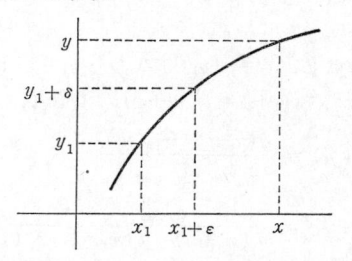

まず f の連続性によって，$y=f(x)$ のグラフは一つづきの切れ目のない曲線で表わされている．そして f が増加

---

* 例 $y=f(x)=2x+1$ に対しては $x=g(y)=\dfrac{y-1}{2}$．これをわざわざ $y=\dfrac{x-1}{2}$ と書き直す必要のないことについては，三村征雄『微分積分学Ⅰ』（岩波）の p.120-121 を味読せられよ．

なことから，f のグラフはどんな横線とも二つ以上の点では交わらない．同じ事情は，$x=g(y)$ のグラフについてもいえる．図のごとく縦軸と横軸の役割りを取り替えて見るとわかるように．

ここで y が，y_1 より大きい方から y_1 に限りなく近づいてゆくときには，x も減少してゆくが，もし x が x_1 にいくらでも近づいてゆかないとすると，次のような矛盾にぶつかる．すなわちもし，ある正数 ε があって x が決して $x_1+\varepsilon$ よりも小さくならないならば，y は $f(x_1+\varepsilon)=y_1+\delta$ よりは小さくならないので，y を，y_1 より大きい方から y_1 に限りなく近づけたことに反するのである．

y を，y_1 より小さい方から y_1 に限りなく近づけた場合も同様で，結局 $x=g(y)$ が $y_1=f(x_1)$ において連続なことがわかった．

さて $\delta\neq 0$ とし，$x_1=g(y_1)$ すなわち $y_1=f(x_1)$，$g(y_1+\delta)=x_1+\varepsilon$ すなわち $y_1+\delta=f(x_1+\varepsilon)$ とすると，

(16.3) $$g_\delta'(y_1) = \frac{g(y_1+\delta)-g(y_1)}{\delta}$$

$$= \frac{\varepsilon}{f(x_1+\varepsilon)-f(x_1)} = \frac{1}{f_\varepsilon'(x_1)}$$

を得る．そして g が連続だから，$\delta\to 0$ のとき $\varepsilon\to 0$ であるので $f_\varepsilon'(x_1)\to f'(x_1)$．これと $f'(x_1)\neq 0$ とから，

$\varepsilon\to 0$ のとき，

$$\frac{1}{f_\varepsilon'(x_1)}-\frac{1}{f'(x_1)} = \frac{f'(x_1)-f_\varepsilon'(x_1)}{f_\varepsilon'(x_1)\cdot f'(x_1)} \to \frac{0}{f'(x_1)^2} = 0$$

すなわち，$\varepsilon \to 0$ のとき $\dfrac{1}{f_\varepsilon'(x_1)} \to \dfrac{1}{f'(x_1)}$ が成り立つ．ゆえに $\lim_{\delta \to 0} g_\delta'(y_1)$ が存在して $\dfrac{1}{f'(x_1)}$ に等しい．　∎

(16.2) の応用例　$x>0$ で定義された関数 $y=f(x)=x^n$ では $f'(x)=nx^{n-1}>0$ であるから，x^n は $x>0$ で増加関数である．この f の逆関数 g は $y>0$ で定義された

$$x = g(y) = \sqrt[n]{y} = y^{1/n}$$

で与えられる．ゆえに

$$g'(y) = \frac{1}{f'(g(y))} = \frac{1}{n(g(y))^{n-1}} = \frac{1}{n(y^{1/n})^{n-1}}$$

$$= \frac{1}{n}\left(y^{1-\frac{1}{n}}\right)^{-1} = \frac{1}{n}y^{\frac{1}{n}-1}$$

すなわち

(16.4) $\qquad \dfrac{d}{dy}y^{1/n} = \dfrac{1}{n}y^{1/n-1} \quad (n=1,2,3,\cdots)$

ここで，合成関数の導関数についての (15.2) を用いる．$f(x)=x^m$ ($m=0,\pm 1,\pm 2,\cdots$) として $f(y^{1/n})=y^{m/n}$ であるから，(14.6) の $f'(x)=mx^{m-1}$ を用い

$$\frac{d}{dy}y^{m/n} = f'(y^{1/n})\cdot\frac{d}{dy}y^{1/n} = m(y^{1/n})^{m-1}\cdot\frac{1}{n}y^{1/n-1}$$

$$= \frac{m}{n}y^{\frac{m-1}{n}}\cdot y^{\frac{1-n}{n}} = \frac{m}{n}y^{\frac{m-1}{n}+\frac{1-n}{n}}$$

$$= \frac{m}{n}y^{\frac{m}{n}-1}$$

ゆえに，r を正負の有理数または 0 として

(16.5) $$\frac{d}{dy}y^r = ry^{r-1}$$

が得られた．

練習問題

次の各関数を微分せよ．
(1) $h(x)=\sqrt{x^2+1}$ （ヒント：$g(x)=x^2+1, f(y)=y^{1/2}$ として $h=f\circ g$）
(2) $f(x)=\dfrac{\sqrt{x}}{x+1}$
(3) $h(x)=\sqrt{2+\sqrt{x}}$ （ヒント：$g(x)=2+\sqrt{x}$, $f(y)=y^{1/2}$ として $h=f\circ g$）
(4) $h(x)=\dfrac{\sqrt{x}+1}{\sqrt{x}-1}$ （ヒント：$g(x)=\sqrt{x}$, $f(y)=\dfrac{y+1}{y-1}$ として $h=f\circ g$）

§17 一次元の力学．加速度の概念．高階微分法

一次元の力学 質点が，或る直線の上を運動しているとし，時刻 t におけるその位置を，この直線の上に選んだ定点——原点——からの距離 x によって定める．そしてこの x は，この直線上原点の片方側にあるとき正値を，また原点の他の片方側にあるときに負値をとらせるようにする*．

このようにして，時刻 t における質点の位置は t の関数 $x(t)$ で与えられる．この $x(t)$ の微分商 $x'(t)$ が時刻 t に

---

* この直線を横軸にとって，そこでの質点の位置を x とすればよい．

§17 一次元の力学, 加速度の概念, 高階微分法

における質点の**速度** (velocity) で $v(t)$ と書く：

$$(17.1) \qquad v(t) = x'(t) = \frac{dx(t)}{dt}$$

いま質点が，その座標 x を増やす方向に運動している時，点 t で $v=v(t)$ は正値になる．$v(t)$ の微分商 $v'(t)$ はこの質点の時刻 t における**加速度** (acceleration) と呼ばれ，通常 $a(t)$ で表わす：

$$(17.2) \qquad a(t) = v'(t) = \frac{dv(t)}{dt}$$

ニュートンの運動の法則によれば，質点は大きさ（ひろがり）はないが，通常 m で表わす**質量**をもっており，その運動は

$$(17.3) \qquad F = ma$$

で記述される．ここに a はこの質点の加速度，また F は，上述の x 軸に沿って質点に及ぼされる力を表わす．質量 m は正値であるから，力 F の大きさと符号とは，この (17.3) で加速度 a と同じ符号になるように，大きさをも含めて定義されているのである．

高階微分の記法 関数 $y=f(x)$ の導関数を $f'(x)$ とするとき，$f'(x)$ の導関数を $f(x)$ の**第二階（次）の導関数**といい，それを $f''(x)$ と書く．第 n 階の導関数 $f^{(n)}(x)$ も，$f^{(n)}(x)=(f^{(n-1)}(x))'$ によって順次に定まる．そして $f^{(n)}(x)$ を $y^{(n)}$ または，x で微分することを示すように，$y_x^{(n)}$ あるいは $D_x^{(n)}y$ などとも書く．

一点 x における $f''(x)$ の値，すなわち $\dfrac{d}{dx}\left(\dfrac{dy}{dx}\right)$ を $\dfrac{d^2y}{dx^2}$

と書く：

(17.4) $\dfrac{d}{dx}\left(\dfrac{dy}{dx}\right) = \dfrac{d^2y}{dx^2}$, 一般に $\dfrac{d^ny}{dx^n} = f^{(n)}(x)$

上の記号において dx^2 は dx を 2 乗した $(dx)^2$ であるが，d^2y は $d(dy)$ を意味して，y の第二階（次）微分という．§8 に述べたように

$$dy = y_x' dx$$

と書くとき，両辺の微分をとって，$d(dy), d(dx)$ をそれぞれ d^2y, d^2x と書くことにすると

$$d^2y = y_x'' dx \cdot dx + y_x' d(dx)$$
$$= y_x''(dx)^2 + y_x' d^2x$$

となる．ここでは積の微分法 (14.2) を用いたわけである．ところが x が独立変数ならば $dx = \Delta x$ は x に関係なく自由にとれるものであったから $d^2x = d(\Delta x) = 0$ として

$$d^2y = y_x''(dx)^2$$

を得るが，これは (17.4) と符合する．

ライプニッツの公式 (14.2) から

$$(uv)'' = ((uv)')' = (u'v + uv')'$$
$$= u''v + u'v' + u'v' + uv''$$
$$= u''v + 2u'v' + uv''$$

を得る．これから，順次 $(uv)''' = ((uv)'')', \cdots$ を求めてゆけば，n に関する数学的帰納法でライプニッツの公式

(17.5) $(uv)^{(n)} = u^{(n)}v + \binom{n}{1}u^{(n-1)}v' + \cdots$

$$+\binom{n}{k}u^{(n-k)}v^{(k)}+\cdots+uv^{(n)}$$

が得られる．ここに $\binom{n}{k}$ は**二項係数**と呼ばれるもので，

$$(u+v)^n = u^n+\binom{n}{1}u^{n-1}v+\cdots+\binom{n}{k}u^{n-k}v^k+\cdots+v^n$$

に登場してくる係数と同じものである*．

(17.3) 再説 (17.3) は

(17.3)′ $$m\frac{d^2x}{dt^2} = F$$

となる．F が一定であるときが §10 に述べた落体の法則にあたるのである．F が一定ならば $(x'(t))'=x''(t)$ が一定値 α に等しく，$x'(t)=v(t)$ が $\alpha t+\beta$ の形になるので，初速 $v(0)=0$ とすると $\beta=0$ になる．こうして，ニュートンによるガリレイの落体の法則のとらえ方と同じく

$$v(t) = \alpha t$$

となるのである．

§18 凸関数．平方根，立方根などの近似

f を閉区間 $[a,b]$ で定義された連続な関数とする．また $a<x<b$ において f' および f'' が存在すると仮定する．われわれはさきに（§9）$f'(x)$ がすべての x ($a<x<b$) で正の値をとれば f が $[a,b]$ で増加関数であることを示した

---

* すなわち $\binom{n}{k}=\dfrac{n(n-1)\cdots(n-k+1)}{k(k-1)\cdots 1}=\dfrac{n!}{k!(n-k)!}$．ここに $n!=n(n-1)(n-2)\cdots 2\cdot 1$．

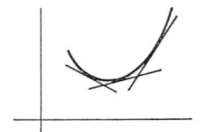

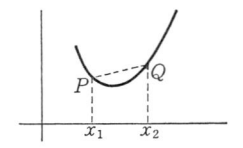

(定理7).

それでは, すべての x $(a<x<b)$ で $f''(x)$ が正の値をとるときに, 曲線 $y=f(x)$ はどのような変化の様子をもっているであろうか. このときは定理7によって $f'(x)$ が増加関数になる. $f'(x)$ は曲線 $y=f(x)$ の点 $(x, f(x))$ における接線の傾きであるから, x が増せば傾きは増すので, 上図のように曲線が<u>上向きに曲っている</u>と考えられる. この「上向きに曲っている」ということは, 次のようにいえばはっきりする. すなわち,「曲線上に任意に2点 P, Q をとると, P と Q とを結ぶ割線 PQ が P と Q の間の曲線の上側にある」というのである. このような場合に, われわれは, 曲線 $y=f(x)$ が**上に凹**(concave upwards), または**下に凸**(convex downwards)であるといい, 関数 f を**凸関数**(convex function)であると呼ぶ.

上に直観的に述べたことを定理の形に述べて証明をしておこう.

定理14 f を閉区間 $[a, b]$ で定義された連続関数とする. 区間 $a<x<b$ において $f'(x), f''(x)$ が存在し, かつ $a<x<b$ のすべての点 x に対して $f''(x)>0$ であると仮定する. このとき

(18.1) $$a < x_1 < x_2 < b$$
なる x_1, x_2 をとれば, $y=f(x)$ のグラフ上の 2 点 $P=(x_1, f(x_1))$ と $Q=(x_2, f(x_2))$ とを結ぶ**割線** PQ は, 区間 $[x_1, x_2]$ におけるグラフの上側にある*.

証明 もしも, $x_1 < x_3 < x_2$ なる x_3 におけるグラフの点 $R=(x_3, f(x_3))$ が線分 PQ より上側にあったとすると矛盾に導かれることを示せばよい.

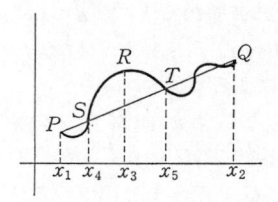

そのために, R から P の方へグラフをたどってゆき, 初めて線分 PQ に到達する点を S とする. S の横座標を x_4 とすると, 図のように

(18.2) $\begin{cases} S \text{におけるグラフの接線の勾配 } f'(x_4) \text{ は} \\ \text{線分 } PQ \text{ の勾配より小さくない.} \end{cases}$

また, R から Q の方へグラフをたどってゆき, 初めて線分 PQ に到達した点 T の横座標を x_5 とすると, 図のように

(18.3) $\begin{cases} T \text{におけるグラフの接線の勾配 } f'(x_5) \text{ は} \\ \text{線分 } PQ \text{ の勾配より大きくない.} \end{cases}$

(18.2) と (18.3) から $f'(x_4) \geqq f'(x_5)$ を得るが, これは

---

* 関数 f が $[a,b]$ で連続であるから, $x_1 \to a, x_2 \to b$ にして結局は, (18.1) の仮定をゆるめて, $a \leqq x_1 < x_2 \leqq b$ とできるのである.

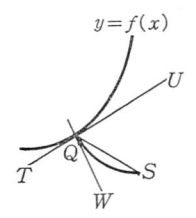

$f'(x)$ が増加関数であることに反する.　∎

系　上の定理の仮定のもとに，$a < x_0 < b$ なる任意の x_0 をとると，点 $Q=(x_0, f(x_0))$ における f のグラフの接線はグラフの下側にある.

証明　x_0 と異なる点 x_1 でグラフの点 $S=(x_1, f(x_1))$ が，Q における接線 TQU よりも下側にあったとすると，定理 14 により，Q から S までのグラフの部分は割線 QS の下側にある.　そうすると，$x_1 \neq x_0$ によって，図のごとく Q において二つの相異なる接線があることになって不合理である.　∎

平方根，立方根などの近似値　関数 $f(x)$ が考えている x の区間で，$f'(x) > 0$ かつ $f''(x) > 0$ と仮定する.　このとき $f(x) = 0$ の根 z を次のようにして近似できる.

$f'(x) > 0$ により，z から右では $f(x) > 0$ であるから，$z < x_1$ なる x_1 を z の**第 1 近似**として選ぶ.　$f''(x) > 0$ であるから，点 $(x_1, f(x_1))$ における f のグラフの接線は，上の系によって，グラフの下側にあり，接線が横軸と交わる点の x 座標 x_2 は，不等式

$$z < x_2 < x_1$$

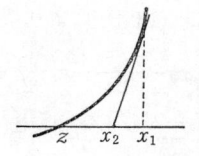

を満たす．そして，この接線の勾配は

$$f'(x_1) = \frac{f(x_1)-0}{x_1-x_2} = \frac{f(x_1)}{x_1-x_2}$$

であるから，z の**第2近似** x_2 は

(18.4) $$x_2 = x_1 - \frac{f(x_1)}{f'(x_1)}$$

によって求められる．この x_2 から z の**第3近似** $x_3 = x_2 - \dfrac{f(x_2)}{f'(x_2)}$ を作り，以下同様に繰り返して順次に近似をよくできる．すなわち*

$$z < \cdots < x_n < x_{n-1} < \cdots < x_2 < x_1$$

このような**近似法**はニュートンに始まるものである．なお後に §42 でこの近似法についてさらにくわしく述べる．

$\sqrt{2}$ の近似例 $f(x) = x^2 - 2$ のときには，$f'(x) = 2x$, $f''(x) = 2$ である．$f(x) = 0$ の根 $z = \sqrt{2}$ の第1近似として $x_1 = 2$ をとると，$2^2 = 4 > 2 = z^2$ であるから，明らかに $0 < z = \sqrt{2} < x_1$．そして $x > 0$ のところでは $f'(x) > 0$, $f''(x) > 0$ であるから，x_1 から出発してニュートンの近似

---

* $x_n = x_{n-1} - \dfrac{f(x_{n-1})}{f'(x_{n-1})}$

ができるはずである．(18.4) により

$$(18.4)' \qquad x_2 = x_1 - \frac{x_1{}^2 - 2}{2x_1} = \frac{x_1}{2} + \frac{1}{x_1}$$

を得るから，<u>10桁のポケット電卓</u>で $x_1=2$ により

$$x_2 = \frac{2}{2} + \frac{1}{2} = 1.5$$

$$x_3 = \frac{1.5}{2} + \frac{1}{1.5} = 1.4166 \text{ (以下の 66666 はすててみた)}$$

$$x_4 = \frac{1.4166}{2} + \frac{1}{1.4166} = 1.414215572 \text{ (以下10桁でやる)}$$

$$x_5 = \frac{1.414215572}{2} + \frac{1}{1.414215572} = 1.414213562$$

$$x_6 = \frac{1.414213562}{2} + \frac{1}{1.414213562} = \underline{1.414213562}$$

が得られて $x_5 = x_6$ となった．この $x_5 = x_6 = x_7 = \cdots$ は，

$$(1.414213562)^2 = 1.999999998$$

で，$\sqrt{2}$ の良い近似になっている．

$\sqrt[3]{2}$ の近似例 $f(x) = x^3 - 2$ のときは $f'(x) = 3x^2$, $f''(x) = 6x$, $f(x) = x^3 - 2 = 0$ の根 $\sqrt[3]{2}$ の第1近似を $x_1 = 2$ として (18.4)′ にあたるもの

$$(18.4)'' \qquad x_2 = x_1 - \frac{x_1{}^3 - 2}{3x_1{}^2} = \frac{2x_1}{3} + \frac{2}{3x_1{}^2}$$

によって，$0 < \sqrt[3]{2} = z < x_1 = 2$ である第1近似 x_1 から第2近似 x_2, x_2 から第3近似 x_3, … のごとく電卓で計算してみる．

$$x_2 = \frac{2\times 2}{3} + \frac{2}{3\times 4} = 1.500000000 \,(1.499999999 \text{ を切り上げた})$$

$$x_3 = \frac{2\times 1.5}{3} + \frac{2}{3\times (1.5)^2} = 1.296296296 \,(\text{以下 10 桁でやる})$$

$$x_4 = \frac{2\times 1.296296296}{3} + \frac{2}{3\times (1.296296296)^2} = 1.260932224$$

$$x_5 = \frac{2\times 1.260932224}{3} + \frac{2}{3\times (1.260932224)^2} = 1.259921860$$

$$x_6 = \frac{2\times 1.25992186}{3} + \frac{2}{3\times (1.25992186)^2} = \underline{1.259921049}$$

これは,$z = \sqrt[3]{2} = 1.2599210\cdots$ の良い近似である.

問題 次の各数をニュートンの方法で近似せよ.
$$\sqrt{3},\ \sqrt{5},\ \sqrt[3]{3},\ \sqrt[4]{5}$$

変曲点 $a<x<b$ で $f''(x)<0$ が成り立っているときは,定理 14 と同じようにして,「曲線 $y=f(x)$ の上に 2 点 P, Q をとると,P と Q とを結ぶ割線 PQ が,P と Q との間の曲線の下側にある」.この意味でこの曲線 $y=f(x)$ が**上に凸**または**下に凹**であるという.一般に曲線が,上に凹の状態から上に凸の状態に(あるいはその逆に)移る点はこの曲線の**変曲点**(point of inflection)と呼ばれる.その

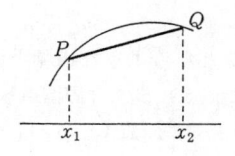

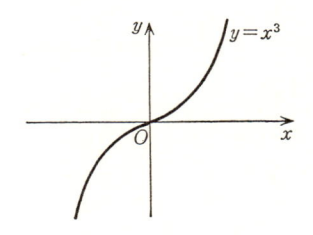

曲線が関数 f のグラフであって，f の第2次導関数が存在して連続であるときには，変曲点においては f'' の値 $=0$ とならなければならない．

例 $f(x)=x^3$ のときの $x=0$ に対する点 $(0,0)$ は f のグラフの変曲点である．

§19 極大と極小．商品生産の限界費用

微分可能な関数 f の値の増減の判定条件として，f' の値の正・負を用いた（§9）．それでは
$$f'(e)=0$$
となるような点 $(e,f(e))$ では f のグラフはどうなっているであろうか．このときは，点 $(e,f(e))$ におけるグラフの接線の傾きが0であるから，接線自身が水平になっているわけである．このような状態を示す典型的な例を挙げてみよう．

一般に $f'(e)=0$ となるような横軸上の点 e を，関数 f の**臨界点**（critical point）または**停留点**（stationary point）と呼んでいる．図Ⅰでは，点 $(e,f(e))$ で関数 f は減少の

$$f(x)=(x-e)^2+1 \quad f(x)=1-(x-e)^2$$

I: 　　　　　　II:

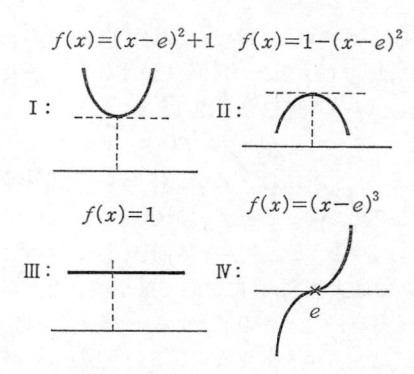

$$f(x)=1 \quad\quad f(x)=(x-e)^3$$

III: 　　　　　　IV:
　　　　　　　　　　e

状態から増大の状態へ移る．また図IIでは，点 $(e, f(e))$ で関数 f は増加の状態から減少の状態に移るところなので，その境目という意味で e を臨界点と呼んでよかろう．また図IVでは，点 $(e, f(e))$ は f のグラフの変曲点で，f のグラフが上に凸から下に凸の状態へ移る境目という意味でこれも臨界点である．図IIIの e を停留点という理由は明らかであろう．以上すべてを総括して，$f'(e)=0$ となる横軸上の点 e を f の臨界点，$f(e)$ を f の**臨界値**（critical value）ということが多い．

最大・最小　f を関数とし，e をそこで f が定義されている 1 つの点とする．このとき，f が定義されているすべての x に対して

(19.1) $\quad\quad\quad f(x) \leq f(e)$

が成り立つときに，f は e において**最大値**（maximum）$f(e)$ をとるといい，e を f の**最大点**という．また或る区

間に属するすべての x に対してだけ $f(x) \leqq f(e)$ が成り立つときには，$f(e)$ をこの区間における f の**最大値**，e を f の**最大点**という．同じく (19.1) を

(19.1)′ $\qquad\qquad f(x) \geqq f(e)$

で置き換えたときには，f が e において**最小値** (minimum) をとるといい，e を f の**最小点**という．

例1 $f(x) = 2x^2$ とし，f を区間 $[0, 2]$ で考えたとき，f は 2 において最大値 8，0 において最小値 0 をとる．

例2 $f(x) = \dfrac{1}{x}$ とし，$0 < x$ なる x の全体で考えれば，ここでは f は最大値をもたない（下の左図）．x が >0 で 0 に限りなく近づけば，$f(x)$ はいくらでも大きくなるからである．そしてまた，x が限りなく大きくなってゆくと，$f(x)$ はいくらでも小さくなって 0 に近づくが，$f(e) = 0$ となるような数 e はないから，$f(x)$ は $0 < x$ で最小値をもたない．

極大・極小 $[a, b]$ で定義され，下の右図のようなグラフで示される f は，a で最大値 $f(a)$ をとり，e_3 で最小値 $f(e_3)$ をとる．e_1 に十分近い e_1 の左右の x だけを考えれ

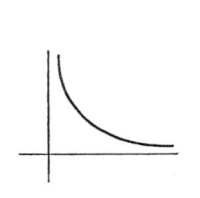

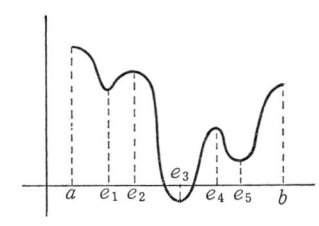

ば $f(x) \geq f(e_1)$ であるから，f は e_1 で**局所的最小値**（local minimum）$f(e_1)$ をとるという．局所的最小値 $f(e_1)$ を**極小値**ともいい，e_1 を f の**極小点**という．この図では，e_1 のみならず e_3 もまた e_5 も f の極小点である．これをまた，f は e_1, e_3, e_5 の各点で極小になるともいう．

同じように，f は e_2, e_4 の各点で**局所的最大値**（local maximum）——**極大値**ともいう—— $f(e_2), f(e_4)$ をとる．すなわち f は e_2, e_4 の各点で極大になる，または e_2, e_4 は f の極大点であるというのである．極大値，極小値を総称して**極値**（extremum）ということもある．

峰と谷 前ページの図で与えられる f のグラフでは，グラフ上の点 $(e_1, f(e_1))$, $(e_3, f(e_3))$, $(e_5, f(e_5))$ はこのグラフの谷，点 $(e_2, f(e_2))$, $(e_4, f(e_4))$ はグラフの峰と呼べば，極小値，極大値の意味がよくわかるであろう．

極大，極小を求めるのに基本となるのは次の定理である．

定理 15 f を開区間 $a < x < b$ で定義され，そこで微分可能な関数とする．このときもし f がこの区間の点 e で極大または極小になるならば

$$f'(e) = 0$$

でなければならない．すなわち，この f は臨界点以外では極大にも極小にもならない．

証明 f が e で極大になった場合を証明する．δ を十分小さい正の数とすると，f が e で局所的最大ということから，

$$f(e) \geqq f(e+\delta)$$

したがって, $f(e+\delta)-f(e) \leqq 0$ と $\delta > 0$ とによりニュートン商 $\dfrac{f(e+\delta)-f(e)}{\delta} \leqq 0$. ゆえに

(19.2) $$\lim_{\delta \to +0} \frac{f(e+\delta)-f(e)}{\delta} \leqq 0$$

となる.

同じく δ を負にとり, $\delta = -\varepsilon, \varepsilon > 0$ とすると, $\varepsilon > 0$ が十分小さいとき $f(e-\varepsilon) \leqq f(e)$. これと $\varepsilon > 0$ とによって

(19.2)′ $$\lim_{\varepsilon \to +0} \frac{f(e-\varepsilon)-f(e)}{-\varepsilon} \geqq 0$$

を得る.

ところで, $f'(e)$ の定義すなわち

$$f'(e) = \lim_{\delta \to +0} f_\delta'(e)$$

と (19.2) とによって $f'(e) \leqq 0$. おなじく

$$f'(e) = \lim_{\delta \to -0} f_\delta'(e)$$

と (19.2)′ とによって $f'(e) \geqq 0$. こうして $f'(e) \geqq 0$ と $f'(e) \leqq 0$ とが得られたから $f'(e) = 0$. ∎

応用例 1 $f(x) = x^2 + 2bx + c$ のときは, $f'(x) = 2x + 2b = 0$ から f の臨界点は $x = -b$ だけであることがわかる. このとき

$x < -b$ のとき $f'(x) < 0$, $x > -b$ のとき $f'(x) > 0$

であるから, f は $x < -b$ で減少かつ $x > -b$ で増加であ

る．よって $x=-b$ は f の極小点でありまた最小点でもある．

応用例 2 $f(x)=x^3-3x+1$ では，$f'(x)=3x^2-3=3(x^2-1)=3(x+1)(x-1)$．ゆえに f の臨界点は -1 と 1 である．x における $f'(x), f(x)$ の値をしらべて f の増減の表を作ってみる．そうすると $x=-1$ が極大点（極大値は 3），$x=1$ が極小点（極小値は -1）であることがわかる．そして $f(-2)=-1<0, f(-1)=3>0$ であるから，中間値の定理（§6）によって，$x=-2$ と $x=-1$ との間に f が 0 となる点が唯一つある．これは，ここで f が増加関数であることによる．同じく $f(0)=1$ と $f(1)=-1$ によって $x=0$ と $x=1$ の間に，また $f(1)=-1$ と $f(2)=3$ によって，$x=1$ と $x=2$ の間に，それぞれ f が 0 になる点が唯一つある．

x	$\cdots$	-1	$\cdots$	1	$\cdots$
f'	$+$	0	$-$	0	$+$
f	増	3 極大	減	-1 極小	増

$[-2, 2]$ で $f(x)=x^3-3x+1$ を考えれば，f の極大点は -1 で極大値 3．そして f の最大点は $x=-1$ と $x=2$ で最

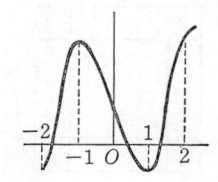

大値は 3. また f の極小点は $x=1$ で極小値は -1. そして f の最小点は $x=-2$ と $x=1$ で最小値は -1.

注意 閉区間 $[a, b]$ での連続関数 f の $[a, b]$ での**最大点**を求めるには，$a<x<b$ であるような f の極大点 x を定理 15 によって求める．それらの極大点における <u>f の極大値のすべてと $f(a)$ および $f(b)$ のなかで最大の数値が，f の $[a, b]$ における最大値</u>である．f の $[a, b]$ における最小値についても同じようにして求めればよい．

応用例 3　1 辺の長さ a センチメートルの正方形の厚紙の四隅から合同な小さい正方形を切り去って，その残りで箱を作るのにできるだけ容積を大きくしたい．切り取るべき正方形の 1 辺の長さを求む．

解　切り取るべき小正方形の 1 辺の長さを x センチメートルとする．問題の意味から $0<x<\dfrac{a}{2}$. 求める容積 f は
$$f = x(a-2x)^2$$
$$\begin{aligned}f'(x) &= (a-2x)^2 + x \cdot 2(a-2x) \cdot (-2) \\ &= (a-2x)(a-2x-4x) = (a-2x)(a-6x)\end{aligned}$$
よって $f(x)$ の臨界点は $x=\dfrac{a}{2}$ および $x=\dfrac{a}{6}$. $x=\dfrac{a}{2}$ では箱は作れないので $x=\dfrac{a}{6}$ だけを考える．

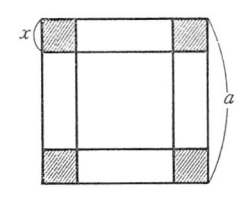

$0 < x < \dfrac{a}{6}$ のとき, $a-2x > a-2\cdot\dfrac{a}{6} = \dfrac{2}{3}a > 0$, かつ $a-6x > 0$ だから $f'(x) > 0$. また $\dfrac{a}{6} < x < \dfrac{a}{2}$ のとき, $a-2x > 0$ かつ $a-6x < 0$ だから $f'(x) < 0$. ゆえに $f(x)$ は $x = \dfrac{a}{6}$ の左では増加, 右では減少になるので, $x = \dfrac{a}{6}$ は f の極大点になる. そして $\left[0, \dfrac{a}{2}\right]$ の両端 $x=0, x=\dfrac{a}{2}$ では箱は作れないから, 極大点 $x = \dfrac{a}{6}$ は最大点で最大値は $f\left(\dfrac{a}{6}\right) = \dfrac{2a^3}{27}$.

応用例 4 $f(x)$ が $x>0$ において微分可能であるとき, $\dfrac{f(x)}{x}$ の臨界点を求めよ.

解 商の微分法 (14.7) により,

$$\left(\dfrac{f(x)}{x}\right)' = \dfrac{xf'(x) - f(x)}{x^2}$$

であるから, $\dfrac{f(x)}{x}$ の臨界点は

$$(19.3) \qquad f'(x) = \dfrac{f(x)}{x}$$

を満足するような x を座標とする横軸上の点 x_1, x_2 などである.

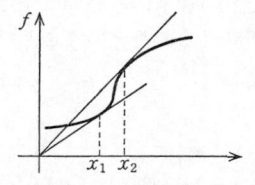

註* (19.3) は「或る商品の生産についての限界費用」

---

* 前掲 Lax と Burstein の書物 Calculus etc. p. 158- による.

と呼ばれるものに関係するという．或る商品を q 個生産するのに要する費用（cost）を q の関数として $C(q)$ とする．このときこの商品 1 個の生産費用は $\dfrac{C(q)}{q}$ にあたる．この $\dfrac{C(q)}{q}$ を最小にするような q は (19.3) にならって

(19.3)′
$$\frac{dC(q)}{dq} = \frac{C(q)}{q}$$

を満足すると考えられる．q は個数であるから，ニュートン商に似た次式で $\dfrac{dC(q)}{dq}$ を近似する：

(19.4)
$$\frac{C(q+h)-C(q)}{h}$$

　この (19.4) は，また生産する商品の個数を h 個だけ増やしたときの費用の増額分を h で割ったもの，すなわちこのときの商品 1 個あたりの費用増で，**この商品生産の限界費用**（marginal cost of production）と呼ばれるものだという．(19.3)′ は，「この商品の最も効率のよい生産個数 $\bar{q}$ は，$q=\bar{q}$ におけるこの商品の生産の限界費用が $C(\bar{q})$ を $\bar{q}$ で割った 1 個あたりの費用に等しいはずだ」ということを示していると解釈されるのだということである．

II₂ 積 分 法

§20 定積分の公式 1 (加法性と不等式)

定積分の加法性 1 関数 f の原始関数を F とするとき, $a<b$ ならば[*]

(20.1) $$\int_a^b f dt = F(b)-F(a) = F(t)\Big|_a^b$$

であった (§11) から, $a>b$ の場合に

(20.2) $$\int_a^b f dt = -\int_b^a f dt$$

と規約しても (20.1) に抵触はしない. なおまた $a=b$ のときに, 次のように規約した (§11):

(20.3) $$\int_a^a f dt = 0$$

そうすると, 数 a, b, c の大きさの順序がどのようであっても

(20.4) $$\int_a^b f dt = \int_a^c f dt + \int_c^b f dt$$

が成り立つ.

$$\text{左辺} = F(b)-F(a),$$
$$\text{右辺} = F(c)-F(a)+F(b)-F(c)$$

---

[*] 以下, $\int_a^b f dt$ と書いて, $\int_a^b f(t) dt$ の中の $f(t)$ における t を省略することも多い.

であるからである．この (20.4) を，「**定積分の積分区間に関する加法性 (additivity)**」という．

定積分の加法性 2

(20.5) $$\int_a^b (f+g)\,dt = \int_a^b f\,dt + \int_a^b g\,dt$$

および

(20.6) $$\alpha を定数とすると \int_a^b \alpha f\,dt = \alpha \int_a^b f\,dt$$

をあわせて，**定積分の被積分関数に関する加法性**と呼ぶ．
(20.5) と (20.6) によって，α, β を定数とするとき[*]

(20.5)′ $$\int_a^b (\alpha f + \beta g)\,dt = \alpha \int_a^b f\,dt + \beta \int_a^b g\,dt$$

が成り立つからである．

(20.5) の証明 関数 f, g の原始関数をそれぞれ F, G とすると

$$(F+G)' = F' + G' = f + g$$

であることは，(14.1) で示した如くニュートン商について

$$(F+G)'_\delta(t) = \frac{F(t+\delta) + G(t+\delta) - F(t) - G(t)}{\delta}$$

$$= \frac{F(t+\delta) - F(t)}{\delta} + \frac{G(t+\delta) - G(t)}{\delta} = F'_\delta(t) + G'_\delta(t)$$

が成り立つことから明らかである．よって (20.1) を用いよ．

---

[*] 関数 $\alpha f + \beta g$ は，$(\alpha f + \beta g)(t) = \alpha f(t) + \beta g(t)$ によって定義された関数である．

(20.6)の証明 f の原始関数を F とすると,kF が kf の原始関数であること,すなわち $(kF)'=k\cdot F'$ から明らかである. ∎

定積分の不等式 まず,$f(t)$ を $a\leq t\leq b$ で連続とし

(20.7) $\begin{cases} f(t) \text{ が},a\leq t\leq b \text{ でつねに } f(t)>0 \text{ ならば} \\ \quad \int_a^b f(t)dt > 0 \end{cases}$

証明 f の原始関数 F をとると,仮定により,$F'(t)=f(t)$ が $a<t<b$ で >0 である.ゆえに,定理7(§9)から $F(t)$ が $[a,b]$ で増加関数であるので $\int_a^b f(t)dt = F(b) - F(a) > 0$ が成り立つ*. ∎

系 おなじく

(20.7)′ $\begin{cases} f(t) \text{ が } a\leq t\leq b \text{ でつねに } f(t)<0 \text{ ならば} \\ \quad \int_a^b f(t)dt < 0 \text{ **} \end{cases}$

および,$f(t),g(t)$ が $a\leq t\leq b$ で連続とし,

(20.8) $\begin{cases} a\leq t\leq b \text{ でつねに } f(t)>g(t) \text{ ならば} \\ \quad \int_a^b f(t)dt > \int_a^b g(t)dt \text{ ***} \end{cases}$

証明 (20.7)′ は,$-f(t)$ に (20.7) をあてはめて,(20.6) を使えばよい.また (20.8) は,$\{f(t)-g(t)\}$ に (20.7)

---
* $f(t)$ が $a\leq t\leq b$ でつねに ≥ 0 ならば $\int_a^b f(t)dt \geq 0$

** $f(t)$ が $a\leq t\leq b$ でつねに ≤ 0 ならば $\int_a^b f(t)dt \leq 0$

*** $a\leq t\leq b$ でつねに $f(t)\geq g(t)$ ならば $\int_a^b f(t)dt \geq \int_a^b g(t)dt$

以上いずれも定理7′(§9)を用いて証明する.

と (20.5)′ をあてはめるとよい. ∎

さらにまた,(20.8) の系として,連続関数 $f(t), g(t)$ に対し

(20.9) $\begin{cases} a \leq t \leq b \text{ でつねに } |f(t)| < g(t) \text{ ならば,} \\ \left| \int_a^b f(t) dt \right| < \int_a^b g(t) dt \end{cases}$

証明 仮定から,$a \leq t \leq b$ でつねに $-g(t) < f(t) < g(t)$ が成り立つので,(20.8) と (20.6) とを用い

$$-\int_a^b g(t) dt < \int_a^b f(t) dt < \int_a^b g(t) dt \,^*$$

∎

§21 定積分の公式2(部分積分)

連続関数 f, g が連続な導関数をもつときに,$\int_a^b f'g \, dt$ と $\int_a^b fg' \, dt$ の間に

(21.1) $\boxed{\int_a^b f'g \, dt = f(b)g(b) - f(a)g(a) - \int_a^b fg' \, dt}$

が成り立つ.これを**部分積分**(integration by parts)の公式という.

(21.1) の証明 公式 (14.2) により

$$(fg)' = f'g + fg'$$

であるから基本公式 (12.1) を用い

$$\int_a^b (f'g + fg') dt = \int_a^b (fg)' dt = f(t)g(t) \Big|_a^b$$

---

* 特に $a \leq t \leq b$ でつねに $|f(t)| \leq g(t)$ ならば,$\left| \int_a^b f(t) dt \right| \leq \int_a^b g(t) dt$

これが (21.1) に他ならないことは，(20.5) を用いよ．

例1 $\int_a^b 3t^3\sqrt{1+t^2}\,dt$ を求む．

解 $f(t)=(1+t^2)^{3/2}$ に対して，合成関数の微分公式 (15.2) を用い

$$f'(t) = \frac{3}{2}(1+t^2)^{\frac{3}{2}-1} \cdot 2t = 3t\sqrt{1+t^2}$$

ゆえに $g(t)=t^2$ として，(21.1) を用い

$$\int_a^b 3t^3\sqrt{1+t^2}\,dt = \int_a^b 3t\sqrt{1+t^2} \cdot t^2\,dt$$

$$= (1+t^2)^{3/2} \cdot t^2 \Big|_a^b - \int_a^b (1+t^2)^{3/2} \cdot 2t\,dt$$

ところが，$(1+t^2)^{3/2} \cdot 2t = \dfrac{d}{dt}\left(\dfrac{2}{5}(1+t^2)^{5/2}\right)$ であるから，結局

$$\int_a^b 3t^3\sqrt{1+t^2}\,dt = \left\{(1+t^2)^{3/2}t^2 - \frac{2}{5}(1+t^2)^{5/2}\right\}\Big|_a^b$$

が得られた．

例2 $\int_0^1 \sqrt{t^2-t^3}\,dt$ を求めよ．

解 $\sqrt{t^2-t^3} = \sqrt{1-t}\cdot t = f'(t)g(t)$，ただし

$$f(t) = -\frac{2}{3}(1-t)^{3/2},\ g(t) = t$$

である．ゆえに $f(t)g(t)\Big|_0^1 = 0-0 = 0$ により

$$\int_0^1 \sqrt{1-t}\cdot t\,dt = -\int_0^1 \left\{-\frac{2}{3}(1-t)^{3/2}\right\}dt$$

この右辺の $-\dfrac{2}{3}(1-t)^{3/2}$ は $\dfrac{d}{dt}\left\{\dfrac{4}{15}(1-t)^{5/2}\right\}$ であるから，

結局
$$\int_0^1 \sqrt{t^2-t^3}\,dt = -\left\{\frac{4}{15}(1-t)^{5/2}\right\}\Big|_0^1 = \frac{4}{15}$$

§22 基本定理 $f(b)-f(a)=\int_a^b f'(t)dt$ の精密化としてのテイラーの定理

関数 f が連続な第2階導関数 f'' をもつときには，基本定理 $f(b)-f(a)=\int_a^b f'(t)dt$ を，部分積分法で次のように変形できる：

(22.1) $\quad f(b)-f(a) = (b-a)f'(a)+\int_a^b (b-t)f''(t)dt$

証明 $f'(t)$ を $1\cdot f'(t)$ と書き直し，1の原始関数
$$g(t) = -(b-t) \quad (g'(t)=1)$$
を考えて，部分積分公式 (21.1) を用いると，

$$\int_a^b 1\cdot f'(t)dt = \int_a^b g'(t)\cdot f'(t)dt$$

$$= \int_a^b -(b-t)'\cdot f'(t)dt$$

$$= -(b-t)\cdot f'(t)\Big|_a^b - \int_a^b -(b-t)f''(t)dt$$

$$= (b-a)f'(a)+\int_a^b (b-t)f''(t)dt$$

を得るので，$f(b)-f(a)=\int_a^b f'(t)dt$ から (22.1) が導けた． ∎

次に連続な導関数 $f'''(t)$ があると仮定し，

§22 基本定理 $f(b)-f(a)=\int_a^b f'(t)dt$ の精密化としてのテイラーの定理

$$(b-t) = \frac{1}{2}(-(b-t)^2)'$$

を用い，(22.1) の右辺第2項を部分積分して

$$\int_a^b (b-t) \cdot f''(t)dt = \int_a^b \frac{1}{2}(-(b-t)^2)' \cdot f''(t)dt$$

$$= \frac{1}{2}(-(b-t)^2) \cdot f''(t)\Big|_a^b - \int_a^b \frac{1}{2}(-(b-t)^2) \cdot f'''(t)dt$$

$$= \frac{1}{2}(b-a)^2 f''(a) + \int_a^b \frac{1}{2}(b-t)^2 f'''(t)dt$$

を得た．これを (22.1) と組合わせて，$\frac{1}{2}=\frac{1}{1\cdot 2}$ を用い

(22.2) $\quad f(b)-f(a) = (b-a)\dfrac{f'(a)}{1} + (b-a)^2 \dfrac{f''(a)}{1\cdot 2}$

$$+ \frac{1}{1\cdot 2}\int_a^b (b-t)^2 f'''(t)dt$$

が得られた．

つづいて，連続な $f^{(4)}(t)$ があると仮定し，また

(22.3) $\quad 1 = 1!,\ 2 = 1\cdot 2 = 2!,\ 1\cdot 2\cdot 3 = 3!$

と書くことにして，$\frac{1}{3!}\cdot 3 = \frac{1}{2!}$ を用い

$$\frac{1}{2!}(b-t)^2 = \frac{1}{3!}(-(b-t)^3)'$$

に注意すると，(22.2) の右辺第3項は部分積分で次のように変形される．

$$\frac{1}{2!}\int_a^b (b-t)^2 \cdot f'''(t)dt = \frac{1}{3!}\int_a^b (-(b-t)^3)' \cdot f'''(t)dt$$

$$= \frac{1}{3!}(-(b-t)^3) \cdot f'''(t)\Big|_a^b + \frac{1}{3!}\int_a^b (b-t)^3 \cdot f^{(4)}(t)dt$$

$$= \frac{1}{3!}(b-a)^3 f'''(a) + \frac{1}{3!}\int_a^b (b-t)^3 f^{(4)}(t)dt$$

これを (22.2) と組合わせて (22.3) を用い

(22.4) $\quad f(b) = f(a) + (b-a)\dfrac{f'(a)}{1!} + (b-a)^2 \dfrac{f''(a)}{2!}$

$$+ (b-a)^3 \frac{f'''(a)}{3!} + \int_a^b \frac{(b-t)^3}{3!} f^{(4)}(t)dt$$

が得られた.

これを繰り返し,**自然数 n の階乗 $n!$** を

(22.3)′ $\quad \begin{cases} 1! = 1, \ 2! = 1\cdot 2, \ 3! = 1\cdot 2\cdot 3, \ 4! = 1\cdot 2\cdot 3\cdot 4, \\ \cdots, \ n! = 1\cdot 2\cdot 3\cdots n, \ \cdots \end{cases}$

で定義すると,次の定理が得られる.

定理 16 (テイラーの定理)[*] $\quad f, f', f'', \cdots, f^{(n)}$ がいずれも連続であるような区間内の点 a, x に対して

(22.5) $\quad f(x) = f(a) + (x-a)\dfrac{f^{(1)}(a)}{1!}$

$$+ (x-a)^2 \frac{f^{(2)}(a)}{2!} + (x-a)^3 \frac{f^{(3)}(a)}{3!}$$

$$+ \cdots + (x-a)^{n-1} \frac{f^{(n-1)}(a)}{(n-1)!}$$

$$+ \int_a^x \frac{(x-t)^{n-1}}{(n-1)!} f^{(n)}(t)dt$$

---

[*] テイラー (Brook Taylor, 1685-1731)

註 上の公式 (22.5) の右辺の第1項から第n項の $(x-a)^{n-1}\dfrac{f^{(n-1)}(a)}{(n-1)!}$ までの和を，関数$f(x)$の**aを中心とするテイラー展開**（Taylor expansion）における**$(x-a)$に関し$(n-1)$次式の部分**であるという．また

$$R_n = \int_a^x \frac{(x-t)^{n-1}}{(n-1)!} f^{(n)}(t) dt$$

を上の**テイラー展開の剰余項**と呼ぶことがある．もしも，nを限りなく大きくしていったときに剰余項R_{n+1}が$\to 0$となるようなときには*

$$\lim_{n\to+\infty} \left| f(x) - \left\{ f(a) + (x-a)\frac{f^{(1)}(a)}{1!} + (x-a)^2\frac{f^{(2)}(a)}{2!} \right.\right.$$
$$\left.\left. + \cdots + (x-a)^n\frac{f^{(n)}(a)}{n!} \right\} \right| = 0$$

となるわけなので，これを

$$(22.5)' \quad f(x) = f(a) + (x-a)\frac{f^{(1)}(a)}{1!}$$
$$+ (x-a)^2\frac{f^{(2)}(a)}{2!} + \cdots + (x-a)^n\frac{f^{(n)}(a)}{n!} + \cdots$$

と書いて，($R_{n+1}\to 0$となるようなxでは）$f(x)$をaのまわりに**テイラー級数展開**することができたという．

テイラー展開の例 $f(x) = x^n$ に対しては

$$f^{(k)}(x) = n(n-1)(n-2)\cdots(n-k+1)x^{n-k} \quad (1\le k\le n)$$

---

* $\lim\limits_{n\to+\infty}$ は，nを限りなく大きくするときの$|\ |$の極限が0になるということを示す．

であるから，$f^{(n+1)}(x)=0$ ともなり

$$(22.6) \quad x^n = a^n + (x-a)a^{n-1}\frac{n}{1!}$$
$$+ (x-a)^2 a^{n-2}\frac{n(n-1)}{2!} + \cdots$$
$$+ (x-a)^k a^{n-k}\frac{n(n-1)\cdots(n-k+1)}{k!}$$
$$+ \cdots + (x-a)^n$$

これが，**テイラー級数展開**の原型であろう．他のテイラー級数展開については，§27 や §36 でのべる．

§23 定積分の公式 3（置換積分）

$g(t)$ を $[a,b]$ で微分可能な関数で，$g'(t)$ は $[a,b]$ で連続であるとする．次に f は，g が $[a,b]$ でとる値のすべてを含むような区間において連続な関数とする．このとき

$$(23.1) \quad \boxed{\int_{g(a)}^{g(b)} f(x)dx = \int_a^b f(g(t)) \cdot \frac{dg(t)}{dt} dt}$$

が成り立つ．これを**置換積分法***という．

証明 F を f の原始関数とすれば，合成関数の微分公式 (15.2) から

$$(F \circ g)' = (F' \circ g)g'$$

ゆえに，$(F \circ g)(t)$ は $f(g(t))\dfrac{dg}{dt}$ の原始関数である．したがって (23.1) の右辺は，微分積分法の基本公式 (12.1)

---

* 定積分の変数変換公式と呼ぶこともあるが，$g(t)$ が増加または減少関数であることは要請していないことを強調しておきたい．

§23 定積分の公式3（置換積分）

によって $F(g(b))-F(g(a))$ に等しい．この $F(g(b))-F(g(a))$ はまた，(12.1) によって (23.1) の左辺に等しい．F が f の原始関数であるからである． ∎

応用例1 $\int_0^1 (t^2+t)^8(2t+1)dt$ を求めよ．

解 $(t^2+t)'=2t+1$ であるから，$x=g(t)=t^2+t$ とおいて，$f(x)=f(g)=g^8$ と思い

$$\int_0^1 (t^2+t)^8(2t+1)dt = \int_{g(0)}^{g(1)} x^8 dx = \frac{x^9}{9}\Big|_0^2 = \frac{2^9}{9}$$

応用例2 $\int_{3/2}^2 (2x-3)^{1/3}\cdot x\,dx$ を求めよ．

解 $(2x-3)^{1/3}=t$ とする為に，$x=g(t)=\frac{1}{2}t^3+\frac{3}{2}$ とおく．すると $g'(t)=\frac{3}{2}t^2, 2=g(1), \frac{3}{2}=g(0)$ であるから

$$\int_{3/2}^2 (2x-3)^{1/3}\cdot x\,dx = \int_0^1 t\cdot\left(\frac{1}{2}t^3+\frac{3}{2}\right)\cdot\frac{3}{2}t^2 dt$$

$$= \int_0^1 \left(\frac{3}{4}t^6+\frac{9}{4}t^3\right)dt = \left(\frac{3}{28}t^7+\frac{9}{16}t^4\right)\Big|_0^1 = \frac{75}{112}$$

註 (23.1) は右から使ったり，左から使ったりする．

応用例3 $\int_1^4 \frac{1}{\sqrt{x}+1}dx$ を求めよ．

解 $\sqrt{x}=t$ とおくと $x=t^2$, $x'=2t$, $x=1$ のときは $t=1$, $x=4$ のときは $t=2$. ゆえに (23.1) を左から使い，

$$\int_1^4 \frac{1}{\sqrt{x}+1}dx = \int_1^2 \frac{1}{t+1}\cdot 2t\,dt = \int_1^2 \frac{2t}{t+1}dt$$

$$= \int_1^2 \left(2-\frac{2}{t+1}\right)dt = 2t\Big|_1^2 - 2\int_1^2 \frac{1}{t+1}dt$$

この最後の積分 $\int_1^2 \frac{1}{t+1}dt = \log(t+1)\Big|_1^2$ における**対数関**

数 $\log(t+1)$ については次の §24 に述べる．

定積分の練習例

例 1 $\displaystyle\int_{-1}^{1}(1-x)^{10}\cdot xdx=\int_{-1}^{1}x\cdot\frac{d}{dx}\Bigl(-\frac{1}{11}(1-x)^{11}\Bigr)dx$

$\displaystyle=x\frac{-(1-x)^{11}}{11}\Big|_{-1}^{1}+\int_{-1}^{1}\frac{1}{11}(1-x)^{11}dx$

$\displaystyle=\frac{-2^{11}}{11}+\frac{-(1-x)^{12}}{11\cdot12}\Big|_{-1}^{1}=\frac{-2^{11}}{11}+\frac{2^{12}}{11\cdot12}$

例 2 $\displaystyle\int_{0}^{1}\sqrt{1+\sqrt{x}}\,dx=\int_{0}^{1}\sqrt{1+t}\cdot2tdt$ ($x=t^2$ とおき)

$\displaystyle=\int_{0}^{1}\frac{d}{dt}\Bigl(\frac{2}{3}(1+t)^{3/2}\Bigr)\cdot2tdt$

$\displaystyle=\frac{2}{3}(1+t)^{3/2}\cdot2t\Big|_{0}^{1}-\int_{0}^{1}\frac{4}{3}(1+t)^{3/2}dt$

$\displaystyle=\frac{4}{3}\cdot2^{3/2}-\frac{4}{3}\cdot\frac{2}{5}(1+t)^{5/2}\Big|_{0}^{1}=\frac{4}{3}2^{3/2}-\frac{8}{15}(2^{5/2}-1)$

II₃ 対数関数と指数関数

§24 対数関数 $\left(\log x = \int_1^x \dfrac{1}{t} dt \text{ の導入}\right)$

微分法の習い始めに，(14.6) すなわち
$$(x^n)' = nx^{n-1} \quad (n=0, \pm 1, \pm 2, \cdots)$$
を知った．この右辺は，n を負の整数から 0 を経て正の整数に動かしたとき
$$\cdots, -3x^{-4}, -2x^{-3}, -x^{-2}, 0, 1, 2x, 3x^2, \cdots$$
となって x^{-1} が現われて来ないことを不思議（？）に思ったことがあった．筆者の拙い思い出である．これを前おきとして本論に入ろう．

$x>0$ に対して定義される

(24.1) $$\boxed{\log x = \int_1^x \dfrac{1}{t} dt}$$

を，x の**自然対数**（natural logarithm）と称する．$\left(\dfrac{1}{t}\right)' = -\dfrac{1}{t^2}$ は，$t>0$ においてつねに負の値をとる連続関数であるから，(24.1) の積分は意味をもち（§12），したがって基本公式 (12.1) によって，$\log x$ は微分可能で

(24.2) $$\boxed{\dfrac{d}{dx} \log x = \dfrac{1}{x}}$$

が成り立つ．

$\dfrac{1}{x}$ は，$x>0$ でつねに >0 であるから，定理 7（§9）によって，$\log x$ は増加関数である．すなわち

(24.3)　　　$0 < x_1 < x_2$ ならば $\log x_1 < \log x_2$

ところが (20.3) によって

(24.4)　　　　　　　$\log 1 = \int_1^1 \frac{1}{t} dt = 0$

であるから

(24.5)　　$x < 1$ では $\log x < 0$; $x > 1$ では $\log x > 0$.

ここで**対数関数の乗法定理**と呼ばれる重要な次の定理を述べる.

定理 17（乗法定理）　$a > 0, b > 0$ とすれば

(24.6)　　　　　$\boxed{\log(ab) = \log a + \log b}$

証明　これは

(24.6)′　　$\int_a^{ab} \frac{1}{t} dt = \int_1^b \frac{1}{t} dt \quad (a > 0, b > 0)$

と同等である. この左右両辺に $\int_1^a \frac{1}{t} dt$ を加えて (20.4) を用いれば (24.6) となるからである.

ところで, $f = \frac{1}{u}, g = at$ とおくと, 置換積分の公式 (23.1) によって

$$\int_\alpha^\beta f(g(t)) \frac{dg}{dt} dt = \int_{g(\alpha)}^{g(\beta)} f(x) dx$$

すなわち

$$\int_\alpha^\beta \frac{1}{at} \cdot a \, dt = \int_{a\alpha}^{a\beta} \frac{1}{x} dx$$

を得る. ここで $\alpha = 1, \beta = b$ とおくと (24.6)′ になる.　∎

系として

(24.7) $\log\dfrac{b}{a} = \log b - \log a$, とくに $\log\dfrac{1}{a} = -\log a$

(24.8) $\log(a_1 a_2 \cdots a_n) = \log a_1 + \log a_2 + \cdots + \log a_n$

証明 (24.7) は

$$\log b = \log\left(\dfrac{b}{a} \cdot a\right) = \log\left(\dfrac{b}{a}\right) + \log a$$

から, また (24.8) は, $n=3$ のときには

$$\log(a_1 a_2 a_3) = \log((a_1 a_2) a_3)$$
$$= \log(a_1 a_2) + \log a_3 = \log a_1 + \log a_2 + \log a_3$$

から明らか. 以下 n に関する帰納法で, $n=4, 5, \cdots$ と順次に導いてゆけばよい. ∎

次に (24.7) と (24.8) とによって

(24.9) $\begin{cases} \log x^n = n \log x & (n=1, 2, \cdots), \\ \log x^{-n} = -n \log x & (n=1, 2, \cdots) \end{cases}$

も得られ, これからさらに

(24.10) $\log(x^{n/m}) = \dfrac{n}{m} \log x \quad (n, m = 1, 2, \cdots)$

も成り立つ.

証明 (24.9) の初めの式で $x = a^{1/m}$ とおくと $\log(a) = \log((a^{1/m})^m) = m \log(a^{1/m})$ となり

$$\log(a^{1/m}) = \dfrac{1}{m} \log a$$

これに再び (24.9) の初めの式を用い

$$\log(a^{n/m}) = \log((a^{1/m})^n) = n \log(a^{1/m}) = \dfrac{n}{m} \log a$$

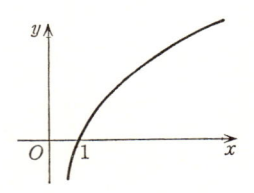

これで (24.10) が証明された.

$y = \log x$ のグラフ $\log x$ が $0 < x$ で増加関数であり,かつ (24.4),(24.5) が成り立つことからグラフは上の図のようになる.グラフが上方に凸であるのは

$$\left(\frac{1}{x}\right)' = -\frac{1}{x^2} < 0$$

であることによる.また,$\log 2$ は正であるから
(24.11) $$\log 2^n = n \log 2$$
は,n が限りなく大きくなるときいくらでも大きくなる.したがって増加関数 $\log x$ は,

「x が限りなく大きくなってゆくときに,いくらでも大きくなってゆく」.

この事実を

(24.12) $$\lim_{x \to +\infty} \log x = +\infty$$

と書く.$+\infty$ は**正の無限大**と読む.

つぎに,x が正の値をとりつつ限りなく 0 に近づくとき,すなわち $x \to +0$ のときの $\log x$ の挙動を調べる.まず $\log x$ が増加関数であるから,$x \to +0$ のときには $\log x$

は減少する．すなわち

(24.3)′ $0 < x_2 < x_1$ ならば $\log x_2 < \log x_1$

しかも，(24.9) によって

(24.11)′ $$\log \frac{1}{2^n} = \log 2^{-n} = -n \log 2$$

だから，n が限りなく大きくなって $\frac{1}{2^n}$ がいくらでも小さくなるときに，$\log \frac{1}{2^n} = -n\log 2$ はいくらでも大きい負の数になる．よって $\log x$ は $x \to +0$ のとき，減少しつついくらでも大きい負の数になる．ゆえに

(24.12)′ $$\lim_{x \to +0} \log x = -\infty$$

である．$-\infty$ は**負の無限大**と読む．

この (24.12) と (24.12)′ がグラフに示されているのである．以上から次の定理が成り立つ．

定理18 任意の数 η に対して
(24.13) $$\eta = \log \xi$$
となるような $\xi > 0$ が唯一つ定まる．

証明 「唯一つ」ということは，$\log x$ が増加関数ということからわかる．よって ξ が存在することだけ証明すればよい．

(24.12)′ と (24.12) とによって，十分小さな正数 x_1 と十分大きな数 x_2 とを

$$0 < x_1 < x_2 \text{ かつ } \log x_1 < \eta < \log x_2$$

が成り立つようにとれる．ゆえに，閉区間 $[x_1, x_2]$ での連続関数 $\log x$ に，中間値の定理 (§6) を適用すれば

$$x_1 < \xi < x_2 \text{ かつ } \log \xi = \eta$$
となるような ξ が存在する.　■

指数関数 exp の定義　上の定理18の系として，対数関数 $y = \log x$ の逆関数が定義される．これを**指数関数**と呼び exp で表わすと[*]，(24.13) から

(24.14)　　$x = \exp(y)$ と $y = \log x$ とは同等

が導かれ，exp はすべての数 y に対して定義されて正の値だけをとる連続な増加関数であり，かつ微分可能で次のことが成り立つ．

(24.15)　　$\boxed{\dfrac{d}{dy}\exp(y) = \exp(y),\ \exp(0) = 1}$

証明　$\exp(0) = 1$ の方は (24.4) すなわち $\log 1 = 0$ からわかる．また逆関数の微分に関する定理13 (§16) から

$$\frac{d}{dy}\exp(y) = \frac{1}{(\log x)'} = \frac{1}{\frac{1}{x}} = x = \exp(y)$$

が示された．　■

われわれは，次の §25 で exp が具体的に

(24.16)　　$\exp(y) = e^y$　　$(e = \exp(1) = 2.718281\cdots)$

と表わされることを示す．そうすると，(24.14) と (24.1) とにより，e が

(24.17)　　　　　　　　$\displaystyle\int_1^e \frac{1}{t}dt = 1$

---

[*]　exp は指数 (exponent) に由来する記号であり，その意味は次の §25 で明らかになるであろう．

によっても定義されることがわかるわけである．

§25 指数関数 ($\exp(y)=e^y$ の証明)

指数関数 exp は対数関数 log の逆関数であるから，後者に関する性質は前者の性質に反映する．まず，log の乗法定理に対するものは，加法定理である．すなわち

定理 19（加法定理）
(25.1) $$\exp(y+z) = \exp(y)\cdot\exp(z)$$

証明 $\exp(y)=a, \exp(z)=b$ とおくと，(24.14) により
$$y = \log a, \quad z = \log b$$
となる．ところが乗法定理によって
$$y+z = \log a + \log b = \log(ab)$$
したがって
$$ab = \exp(y+z)$$
一方において，a と b との積として
$$ab = \exp(y)\cdot\exp(z)$$
であるから，(25.1) がいえた． ∎

定理 20 $\exp(1)=e$ とおくと $e>1$ で
(25.2) $$\exp\left(\frac{n}{m}\right) = e^{n/m} \quad (n, m=1, 2, \cdots)$$

証明 (24.10) において，$x=e=\exp(1)$ とおいて，$\log(e^{n/m}) = \frac{n}{m}\log e$．ところが $\exp(1)=e$ と $\log e=1$* は

---

* $\log x$ は増加関数であり，$\log 1 = \int_1^1 \frac{1}{t}dt = 0$ であるから，$\log e = 1$ によって $e>1$ であることがわかる．

(24.14) によって同等であるから，上式は

$$\log(e^{n/m}) = \frac{n}{m}$$

これから，再び (24.14) によって $e^{n/m} = \exp\left(\frac{n}{m}\right)$ がいえた．■

ところが，(25.1) において $z = -y$ とおき，$1 = \exp(0)$ を使うと，$1 = \exp(y) \cdot \exp(-y)$ すなわち

(25.3) $$\exp(-y) = \frac{1}{\exp(y)}$$

これを (25.2) と組合わせて

(25.2)′ $\quad\quad \exp(r) = e^r \quad (r は有理数*)$

が得られた．

ここで，ちょっと寄り道をして実数について述べる．脚註に与えたような有理数は，**10 進法の小数**で表現される．たとえば $\frac{3}{5}$ は，3 を 5 で割る割算をすると 0.6 になり，また $\frac{2}{7}$ は，2 を 7 で割る割算をすると

$$\frac{2}{7} = 0.285714\dot{2}8571\dot{4}$$

のように**循環項**（この場合は $\dot{2}8571\dot{4}$）が繰り返される **10 進法小数**（**循環小数**）で表現される．上の $\frac{3}{5} = 0.6$ も $0.6\dot{0}$ のように $\dot{0}$ が循環すると考えられる．ところが実数のなかには，たとえば $\sqrt{2}$ のように循環小数では表わされない**無理数**と呼ばれる数がある．$\sqrt{2} = 1.4142135\cdots$ となることは

―――――――――――――
 * m, n を正の整数とし，分数 $\frac{n}{m}$ または $\frac{-n}{m}$ の全体に 0 を付け加えたものを有理数という．

§18 に示したが,これは循環小数ではない.「循環小数で表わされる数は有理数である」からである*. さて**実数論の基本定理**（実数の連続性）によれば

「実数には有理数と無理数とがある. 有理数は循環小数で表現できる数であり, 無理数は循環しない小数で表現できる数である」.

これを承認すれば次の定理が証明できる.

定理 21 任意の無理数 x に対して, いくらでも x に近い有理数がある.

証明 x を正数とし, x の 10 進小数表現を
$$x = a.a_1 a_2 a_3 \cdots a_n \cdots$$
とする. ここに $a_1, a_2, \cdots$ は「0, 1, 2, $\cdots$, 9」のいずれかである. x は無理数であるから, ある番号 n_0 からさきの $a_{n_0}, a_{n_0+1}, a_{n_0+2}, \cdots$ がすべて 0 になることはない. そのときには 0 が循環するので x は有理数になってしまうからである. さてこの x に対して
$$x_n = a.a_1 a_2 a_3 \cdots a_n 0$$
という循環小数すなわち有理数である x_n をとると
$$x - x_n = 0.\overset{n 個}{00 \cdots 0} a_{n+1} a_{n+2} a_{n+3} \cdots$$

---

* $\sqrt{2}$ が有理数でないことは高校で教えられている. また循環小数たとえば $0.222\cdots = \dfrac{2}{10} + \dfrac{2}{10^2} + \dfrac{2}{10^3} + \cdots = \dfrac{2}{10}\left(1 + \dfrac{1}{10} + \dfrac{1}{10^2} + \cdots\right) = \dfrac{2}{10} \times \dfrac{1}{1 - \dfrac{1}{10}} = \dfrac{2}{10} \times \dfrac{10}{9} = \dfrac{2}{9} =$ 有理数であることは, 高校で等比数列の和として教えられているはずである.

は,

$$0.\underbrace{00\cdots 0}_{(n-1)\text{個}}1 = 10^{-n}$$

より小さい.10^{-n} は,n を限りなく大きくしてゆけば,いくらでも小さくなる.よって定理 21 は証明された.■

さて,無理数 x に対してこれを近似する有理数の列 x_1, $x_2, \cdots, x_n, \cdots$ をとると

$$x_n \to x \quad (n \to +\infty)$$

そして (25.2)′ によって

$$\exp(x_n) = e^{x_n} \quad (n = 1, 2, \cdots)$$

が成り立つ.exp は連続関数であるから,

$$\lim_{x_n \to x} \exp(x_n) = \exp(x)$$

が成り立つ.ゆえに,無理数 x に対して e^x を

$$\exp(x) = \lim_{x_n \to x} e^{x_n}$$

で与えることにすると,x が無理数であっても有理数であっても

(25.2)″ $\boxed{\exp(x) = e^x}$

が成り立つことがいえる*.

このように e の**無理数冪** e^x を使って,この節の副題 $\exp(y) = e^y$ の証明ができた.こうして導入された**指数関**

---

* x が負の無理数であっても,同じようにして (25.2)″ が証明される.

§25 指数関数 ($\exp(y)=e^y$ の証明)

数 e^x についての**重要性質**を総括しておこう．まず e^x はつねに正値をとる増加関数であり，そのすべての導関数 $\dfrac{d^n e^x}{dx^n}$ はいずれも e^x に等しい．よって特に $\dfrac{d^2 e^x}{dx^2}>0$ から，e^x は下に凸な関数である．また

(25.4) $\begin{cases} e^0=1, \quad x\to +\infty \text{ なるとき } e^x\to +\infty \ * \\ x\to -\infty \text{ なるとき } e^x\to 0 \ ** \end{cases}$

である．

よって e^x のグラフは，$\log x$ のグラフ (§24) を参照して下図のようになる．

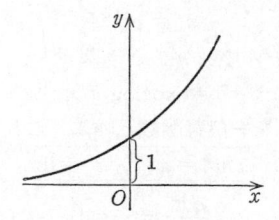

最後に，k を定数とすると

(25.5) $$\boxed{\dfrac{d}{dx}e^{kx}=ke^{kx}}$$

証明 合成関数の微分公式 (15.2) と (24.15) とにより

$$\dfrac{d}{dx}\exp(kx) = \exp(kx)\cdot \dfrac{dkx}{dx} = \exp(kx)\cdot k \quad \blacksquare$$

指数関数の名称について $y=\log x$ と $x=\exp(y)=e^y$

---

* $e>2$ であるから，e^n は n とともにいくらでも大きくなる．
** $e>2$ であるから，$e^{-n}=\dfrac{1}{e^n}$ は $n\to +\infty$ のときいくらでも小さくなる．

とが同等なことがわかったので,正数 x を e^y というふうに e の冪に書き表わすときの指数が y であるというのが指数関数という名前の由来である.

§26 一般冪関数 x^a と一般指数関数 a^x

任意の実数 x に対して指数関数 e^x が定義できたので,これを用いて標題の二つの関数が疑義なく定義できる.

一般冪関数 a を任意の数とし $x>0$ に対して x の関数 x^a を

(26.1) $$x^a = e^{a\log x}$$

で定義すると,a が整数 n のときは

$$e^{n\log x} = \exp(\log x^n) = x^n$$

となるから,x^a を**一般冪関数**と呼ぶ.これに対しては

(26.2) $$\boxed{x^a x^b = x^{a+b},\ \ x^0 = 1}$$

(26.3) $$\boxed{\frac{dx^a}{dx} = ax^{a-1}} \qquad ((16.4) \text{ の拡張})$$

の二つが成り立つ.

証明 (26.2) の初めは,(25.1) により

$$e^{a\log x} e^{b\log x} = e^{(a+b)\log x}$$

から明らか.同じく $x^0 = 1$ は $e^0 = 1$ からわかる.また (26.3) は,(24.15),(15.2) および (24.2) より

$$\frac{de^{a\log x}}{dx} = e^{a\log x} \cdot a \cdot \frac{d\log x}{dx}$$

$$= x^a \cdot a \cdot \frac{1}{x} = ax^{a-1} \qquad\blacksquare$$

例 $f(x)=\sqrt{x^2+1}$ については，(15.2) を用い

$$f'(x) = \frac{x}{\sqrt{x^2+1}}$$

また (26.1) を利用して，(24.14) により

(26.4) $\qquad \log x^a = a \log x \qquad $((24.10) の拡張)

が得られる．これを利用して

(26.5) $\qquad e = \lim_{\delta \to 0}(1+\delta)^{1/\delta}$

がいえる．

証明 $\log x$ の $x=1$ における微分商が $\frac{1}{x}\Big|_{x=1}=1$ であることから

$$\lim_{\delta \to 0}\frac{\log(1+\delta)-\log 1}{\delta} = \lim_{\delta \to 0}\frac{\log(1+\delta)}{\delta} = 1$$

すなわち，(26.4) によって

$$\lim_{\delta \to 0}\log(1+\delta)^{1/\delta} = 1$$

ところが指数関数 exp が連続である (§25) から

$$\lim_{\delta \to 0}\exp(\log(1+\delta)^{1/\delta}) = \exp(\lim_{\delta \to 0}\log(1+\delta)^{1/\delta})$$
$$= \exp(1) = e^1 = e$$

そしてまた (24.14) により

$$\lim_{\delta \to 0}\exp(\log(1+\delta)^{1/\delta}) = \lim_{\delta \to 0}(\exp \circ \log)((1+\delta)^{1/\delta})$$
$$= \lim_{\delta \to 0}(1+\delta)^{1/\delta}$$

となるから (26.5) が証明された．

(26.5) から,n を自然数として

(26.5)′ $$e = \lim_{n\to+\infty}\left(1+\frac{1}{n}\right)^n \quad *$$

註 $e = 2.71828182845904523536\cdots$

一般指数関数 a を正の数とし,x の関数
(26.6) $$a^x = e^{x\log a} \quad (-\infty < x < \infty)$$
を定義して**一般指数関数**と呼ぶ.一般冪関数 x^a のときと同じようにして次の2式が成り立つ.

(26.7) $$\boxed{a^x a^y = a^{x+y}}$$

(26.8) $$\boxed{\frac{da^x}{dx} = a^x \log a}$$

<u>e は,a^x を微分して a^x 自身になるような a として定められたものとも考えられる.</u>

なお a^x に関しては次の公式も成り立つ:

(26.9) $$\boxed{(a^x)^y = a^{xy}}$$

証明 (26.6) により
$$(a^x)^y = \exp(y \cdot \log a^x),$$
$$\log a^x = \log(\exp(x\log a)) = x\log a$$
であるから $(a^x)^y = e^{yx\log a} = a^{yx} = a^{xy}$. ∎

(26.5)′ と (26.9) とから,次の式が得られる:

---

* 年利率1(=10割)で1円を1年間預金した元利合計は2円.1円を半年利率 $\frac{1}{2}$(=5割)の複利で1年間預金した元利合計は $\left(1+\frac{1}{2}\right)^2 = 2.25$ 円.以下繰り返して,$\frac{1}{n}$ 年利率 $\frac{1}{n}$ の複利で,1円を1年間預金した元利合計は $\left(1+\frac{1}{n}\right)^n$ 円で $<e=2.7182\cdots$.

(26.5)″
$$e^x = \lim_{n \to +\infty} \left(1 + \frac{x}{n}\right)^n$$

証明 (26.5) によって

$$e = \lim_{n \to +\infty} \left(1 + \frac{x}{n}\right)^{n/x}$$

ところが，連続関数の合成関数として，一般指数関数 $a^x = e^{x \log a}$ は $a \neq 0$ においては a の連続関数であるから，(26.9) により

$$e^x = \lim_{n \to +\infty} \left\{\left(1 + \frac{x}{n}\right)^{n/x}\right\}^x = \lim_{n \to +\infty} \left(1 + \frac{x}{n}\right)^n \qquad ■$$

常用対数 a が 1 でない正数とするとき
(26.10)　　　与えられた正数 x に対し $x = a^y$
を満足するような数 y を $\log_a x$ で表わし，これを，**a を底 (base) とする x の対数**と呼ぶ．対数の発見はネピア (John Napier, 1550-1617) に始まるとされている．特に $a = 10$ を底とする対数 $\log_{10} x$ を常用対数と呼ぶが，これはネピアの若年協力者であったブリッグス (Henry Briggs, 1561-1631) によるものである．(26.9) から

$$\log x = \log a^y = y \log a = \log_a x \cdot \log a$$

であるから，自然対数 $\log x$ と $\log_a x$ との間には

(26.11)
$$\log_a x = \frac{\log x}{\log a}$$

という関係があるわけである．

ブリッグスは，x が 1 から 2 万までの数であるときの常用対数 $\log_{10} x$ の値を，小数点以下 14 桁まで計算した表を

作ったという．e を底とする対数を**自然対数**という．e を導入したのはオートレッド（W. Oughtred, 1574-1660）であろうとされている．

§27 e の値の計算．対数の値の計算

まず (26.5)′ の補足として

(27.1) $\quad \left(1+\dfrac{1}{n}\right)^n < e < \left(1+\dfrac{1}{n}\right)^{n+1} \quad (n=1, 2, \cdots)$

証明 $1 < t < 1+\dfrac{1}{n}$ ならば $\dfrac{1}{1+\dfrac{1}{n}} < \dfrac{1}{t} < 1$ であるから，(20.8) を用い

$$\int_1^{1+\frac{1}{n}} \frac{1}{1+\frac{1}{n}} dt < \int_1^{1+\frac{1}{n}} \frac{1}{t} dt < \int_1^{1+\frac{1}{n}} 1 \cdot dt$$

すなわち

$$\frac{1}{1+\frac{1}{n}} \cdot \frac{1}{n} = \frac{1}{n+1} < \log\left(1+\frac{1}{n}\right) < 1 \cdot \frac{1}{n} = \frac{1}{n}$$

を得て

$$1 = \log e < (n+1)\log\left(1+\frac{1}{n}\right),$$

$$n \log\left(1+\frac{1}{n}\right) < 1 = \log e$$

これから，$e < \left(1+\dfrac{1}{n}\right)^{n+1}$，$\left(1+\dfrac{1}{n}\right)^n < e$ を得る． ∎

e の値の計算

$e_n = \left(1 + \dfrac{1}{n}\right)^n$ とおくと, (26.5)' によって $\lim\limits_{n \to +\infty} e_n = e$. しかし e_n の e への近づき方は, はなはだゆるやかである. すなわち,

$$e_4 = 2.44141\cdots$$
$$e_8 = 2.56578\cdots$$
$$e_{16} = 2.63793\cdots$$
$$e_{64} = 2.69734\cdots$$
$$e_{256} = 2.71299\cdots$$
$$e_{1024} = 2.71696\cdots$$

のように, $e = 2.718\cdots$ に近づけるためには n を相当大きくしなければならないのである.

よりよい計算は

$$(27.2) \quad e = \lim_{n \to \infty} \tilde{e}_n, \quad \tilde{e}_n = \left(1 + \dfrac{1}{1!} + \dfrac{1}{2!} + \cdots + \dfrac{1}{n!}\right)$$

である. 実際に電卓で計算すると,

$$\tilde{e}_1 = 2, \quad \tilde{e}_2 = 2.5$$
$$\tilde{e}_3 = 2.666666666$$
$$\tilde{e}_4 = 2.708333332$$
$$\tilde{e}_5 = 2.716666665$$
$$\tilde{e}_6 = 2.718055553$$
$$\tilde{e}_7 = 2.718253965$$
$$\tilde{e}_8 = 2.718278766$$
$$\tilde{e}_9 = 2.718281521$$

この $\tilde{e}_9$ は, e の真の値 $2.718281828\cdots$ と小数以下 6 桁まで一致している.

$\tilde{e}_n$ の由来は,指数関数 e^x の $x=0$ におけるテイラー展開 (22.5) である.すなわち $\dfrac{de^x}{dx}=e^x$ であるから $(e^x)^{(m)}=e^x$ $(m=1,2,\cdots)$.よって e^x の $x=0$ におけるテイラー展開の $x=1$ における値は

$$(27.2)' \quad e = e^1 = 1 + \frac{1}{1!} + \frac{1}{2!} + \cdots + \frac{1}{(n-1)!}$$
$$+ \int_0^1 \frac{(1-t)^{n-1}}{(n-1)!} e^t dt$$

である.ところが,上の剰余項 $R_n{}^*$ について

$$0 \leq \frac{(1-t)^{n-1}}{(n-1)!} e^t \leq \frac{(1-t)^{n-1}}{(n-1)!} e \quad (0 \leq t \leq 1)$$

であるから,(20.8) を用い

$$0 \leq R_n = \int_0^1 \frac{(1-t)^{n-1}}{(n-1)!} e^t dt$$
$$\leq e \int_0^1 \frac{(1-t)^{n-1}}{(n-1)!} dt = -e \times \frac{(1-t)^n}{n!} \Big|_0^1 = \frac{e}{n!}$$

を得る.よって $n \to +\infty$ なるとき R_n が $\to 0$ となるので,(27.2) すなわち次式が成り立つ.

$$e = 1 + \frac{1}{1!} + \frac{1}{2!} + \cdots + \frac{1}{n!} + \cdots$$

指数関数のテイラー展開 上と同じようにして

$$e^x = 1 + \frac{x}{1!} + \frac{x^2}{2!} + \cdots + \frac{x^{n-1}}{(n-1)!} + R_n,$$

---

* $R_n = \displaystyle\int_0^1 \frac{(1-t)^{n-1}}{(n-1)!} e^t dt$

$$R_n = \int_0^x \frac{(x-t)^{n-1}}{(n-1)!} e^t dt$$

そして (20.9) により,

$$|R_n| \leq e^{|x|} \cdot \left| \int_0^x \frac{(x-t)^{n-1}}{(n-1)!} dt \right|$$

$$\leq e^{|x|} \cdot \left| \left(\frac{(x-t)^n}{n!} \right) \Big|_{t=0}^{t=x} \right| = e^{|x|} \frac{|x|^n}{n!}$$

である. 与えられた x に対して $2|x|<n_0$ であるような自然数 n_0 をとると, $n_0<n$ なるとき $|x|/n_0<1/2$ により

$$\frac{|x|^n}{n!} \leq \frac{|x|^{n_0-1}}{(n_0-1)!} \cdot \left(\frac{|x|}{n_0} \right)^{n-n_0+1} \to 0 \quad (n \to +\infty \text{ のとき})$$

であるから, $R_n \to 0$ $(n \to +\infty)$ となって

(27.3) $\quad e^x = 1 + \dfrac{x}{1!} + \dfrac{x^2}{2!} + \cdots + \dfrac{x^n}{n!} + \cdots$

が成り立つ. 次に

対数関数 $f(x) = \log(1+x)$ のテイラー展開

$$f'(x) = \frac{1}{1+x}, \quad f''(x) = \frac{-1}{(1+x)^2},$$

$$f'''(x) = (-1)^2 \frac{2}{(1+x)^3}, \cdots,$$

$$f^{(n)}(x) = (-1)^{n-1} \frac{(n-1)!}{(1+x)^n}, \cdots$$

であるから, $x=0$ のまわりのテイラー展開は

$$\begin{cases} \log(1+x) = x - \dfrac{x^2}{2} + \dfrac{x^3}{3} - \cdots + (-1)^{n-2}\dfrac{x^{n-1}}{n-1} + R_n, \\ R_n = (-1)^{n-1}\displaystyle\int_0^x (x-t)^{n-1}\dfrac{1}{(1+t)^n}dt \end{cases}$$

で与えられる．$|R_n|$ の大きさを評価する為に (20.9) を利用する．

<u>$0 \leqq x \leqq 1$ のとき</u>

$$0 \leqq (x-t)^{n-1} \cdot \frac{1}{(1+t)^n} \leqq (x-t)^{n-1} \quad (0 \leqq t \leqq x)$$

であるから，(20.9) により

$$|R_n| \leqq \int_0^x (x-t)^{n-1} dt = \left.\frac{-(x-t)^n}{n}\right|_{t=0}^{t=x} \leqq \frac{1}{n}$$

となって，$n \to +\infty$ のとき $|R_n| \to 0$ である．

<u>$-1 < -\delta \leqq x \leqq 0$ である正数 δ をとるとき</u>，$-1 < -\delta \leqq x \leqq t \leqq 0$ において

$$0 \leqq (t-x)^{n-1}\frac{1}{(1+t)^n} = \left(1 - \frac{1+x}{1+t}\right)^{n-1}\frac{1}{1+t}$$

$$\leqq (1-(1+x))^{n-1}\frac{1}{1+t} \leqq (-x)^{n-1}\frac{1}{1-\delta}$$

が成り立つ．$0 < 1-\delta \leqq 1+x \leqq 1+t \leqq 1$ であるからである．よって

$$|R_n(x)| \leqq \frac{(-x)^{n-1}}{1-\delta}\int_x^0 dt = \frac{(-x)^n}{1-\delta} \quad ((20.9) を用いた)$$

ところが，$-1 < x \leqq 0$ により，$x = 0$ または $\log(-x) < 0$,

ゆえに

$$(-x)^n = 0, \text{ または}$$

$$\lim_{n \to +\infty} (-x)^n = \lim_{n \to +\infty} \exp(n \log(-x)) = 0$$

よって $\lim_{n \to +\infty} R_n(x) = 0$. 結局 $\log(1+x)$ のテイラー級数展開は $-1 < x \leq 1$ で成り立つ. すなわち

(27.4) $\quad \log(1+x) = x - \dfrac{x^2}{2} + \dfrac{x^3}{3} - \dfrac{x^4}{4} + \cdots$

$$+ (-1)^{n-2} \dfrac{x^{n-1}}{n-1} + \cdots \quad (-1 < x \leq 1)$$

が成り立つ.

自然数の対数の値の計算 (27.4) から

(27.5) $\quad \dfrac{1}{2} \log \dfrac{1+x}{1-x} = \dfrac{1}{2} \left\{ \log(1+x) - \log(1-x) \right\}$

$$= x + \dfrac{x^3}{3} + \dfrac{x^5}{5} + \dfrac{x^7}{7} + \cdots \quad (|x| < 1)$$

ここで p, q は自然数で,

(27.6) $\quad x = \dfrac{p-q}{p+q}$ すなわち $\dfrac{p}{q} = \dfrac{1+x}{1-x}$

であるところの x が $|x| < 1$ となるようにとる. そうすると

(27.7) $\quad \log p = \log q + 2 \left\{ \dfrac{p-q}{p+q} + \dfrac{1}{3} \left(\dfrac{p-q}{p+q} \right)^3 \right.$

$$\left. + \dfrac{1}{5} \left(\dfrac{p-q}{p+q} \right)^5 + \dfrac{1}{7} \left(\dfrac{p-q}{p+q} \right)^7 + \cdots \right\}$$

が得られる. ここで $p=2, q=1$ として

$$(27.8) \qquad \log 2 = 2\left\{\frac{1}{3} + \frac{1}{3}\cdot\frac{1}{3^3} + \frac{1}{5}\cdot\frac{1}{3^5} + \cdots\right\}$$

が求められた．これから $\log 2$ の近似値を求めて，(27.7) により順次 $\log 3, \log 4, \log 5 \cdots$ とすべての自然数の対数の計算ができる．

$\log 2$ の値 筆者が電卓で (27.8) の始めの 4 項だけとって計算して

$$\log 2 = 0.693134756$$

が得られた．すなわち

$$\frac{1}{3} = 0.333333333$$

$$\frac{1}{3}\cdot\frac{1}{3^3} = \frac{1}{81} = 0.012345679$$

$$\frac{1}{5}\cdot\frac{1}{3^5} = \frac{1}{1215} = 0.000823045$$

$$\frac{1}{7}\cdot\frac{1}{3^7} = \frac{1}{15309} = 0.000065321$$

で，これらの和の 2 倍が 0.693134756 で，電卓の $\log 2 = $ 0.69314718 に小数点以下 4 桁まで一致している．

対数微分法 $f(x)$ が微分可能でありかつ $f(x)$ がつねに >0 であるような x の区間では，合成関数の微分公式 (15.2) により

$$(27.9) \qquad \frac{d}{dx}\log f(x) = \frac{1}{f(x)}\cdot f'(x) = \frac{f'(x)}{f(x)}$$

が成り立つ．これを**対数微分法**ということがある．ゆえに

$[a,b]$ で $f(x)>0$ ならば,微分積分法の基本公式 (12.1) によって

$$(27.10) \quad \int_a^b \frac{f'(x)}{f(x)}dx = \log f(x)\Big|_{x=a}^{x=b}$$

$$= \log f(b) - \log f(a) = \log \frac{f(b)}{f(a)}$$

が成り立つ.

註 1 $f(x)$ が微分可能でありかつ $f(x)$ がつねに <0 であるような x の区間で,$\dfrac{f'(x)}{f(x)}$ を考える.これは連続関数であるから,この区間を $[a,b]$ とすれば定積分

$$\int_a^b \frac{f'(x)}{f(x)}dx$$

が得られる.この積分値は次のようにして求めればよい:

$f(x)=-g(x)$ とおくと $g(x)$ は $[a,b]$ でつねに >0 であるから,(27.10) により

$$\int_a^b \frac{g'(x)}{g(x)}dx = \log\frac{g(b)}{g(a)}$$

この左辺は $\int_a^b \dfrac{f'(x)}{f(x)}dx$ に等しく,また右辺は $\log\left|\dfrac{f(b)}{f(a)}\right|$ に等しい.ゆえに,$a \leqq x \leqq b$ で $f(x)$ が 0 にならなければ

$$(27.10)' \quad \int_a^b \frac{f'(x)}{f(x)}dx = \log\left|\frac{f(b)}{f(a)}\right|$$

この意味で,$\dfrac{f'(x)}{f(x)}$ の原始関数は $\log|f(x)|$ であると積分表などに書いてあるのである.すなわち

(27.11) $$\int \frac{1}{x}dx = \log|x|$$

これを直接示すには次のようにしてもよい：合成関数の微分公式により，$x<0$ に対して

$$\frac{d}{dx}\log(-x) = \frac{d}{d(-x)}\log(-x) \cdot \frac{d(-x)}{dx}$$
$$= \frac{1}{-x} \cdot (-1) = \frac{1}{x}$$

であるから，<u>x が負の場合も込めて</u>

(27.11)′ $$\frac{d}{dx}\log|x| = \frac{1}{x} \quad (x \neq 0)$$

註2 上の $\int \frac{f'(x)}{f(x)}dx = \log|f(x)|$ から，特に次のこともいえる：

(27.12) $$\begin{cases} f(x) = f_1(x)f_2(x)\cdots f_k(x) \text{ ならば} \\ \int \frac{f'(x)}{f(x)}dx = \sum_{i=1}^{k} \log|f_i(x)| \end{cases}$$

これが**対数微分法のメリット**の一つである．

例1 $\int_0^1 \frac{x^2}{1+x^3}dx = \frac{1}{3}\log|1+x^3|\Big|_{x=0}^{x=1} = \frac{1}{3}\log 2$

例2 $\int \frac{1}{x^2+3x+2}dx = \int \frac{1}{(x+1)(x+2)}dx$

$$= \int\left(\frac{1}{x+1} - \frac{1}{x+2}\right)dx = \log|x+1| - \log|x+2|$$

$$= \log\left|\frac{x+1}{x+2}\right|$$

§28 放射性物質の半減期, 発展方程式, 定数変化法

ラジウムのような放射性物質は, 自然のままに放置しておくとき, 崩壊していく. その崩壊率は, そのときに残っているラジウムの量に比例することが, 実験データからよく知られている. すなわち, たとえば最初の時刻 $t=0$ に5グラムのラジウムがあるとし, 後の時刻 t において残っているラジウムの量を $f(t)$ とすると, 時刻 t における崩壊率 $\dfrac{df}{dt}$ は, 或る**比例定数** k によって $kf(t)$ と書かれるわけである：

$$(28.1) \qquad \frac{df(t)}{dt} = kf(t), \ f(0) = 5$$

今の場合は, ラジウムの量は減少するのであるから<u>定数 k は負であるはずである</u>.

この微分方程式 (28.1) の解 $f(t)$ は e^{kt} と関係があるであろう. なぜなら (25.5) により $\dfrac{de^{kt}}{dt} = ke^{kt}$ が成り立っているからである. しかし $f(t) = Ce^{kt}$ (C は定数) も $\dfrac{df(t)}{dt} = kf(t)$ を満足するので, たくさんの解があるように見えるが, この C は時刻 $t=0$ における初期条件 $f(0)=5$ から $C=5$ と定まる. ゆえに <u>(28.1) の解の一つ $f(t) = 5e^{kt}$ が</u>求まった.

註 上に<u>解の一つが求まった</u>と書いたのは, この <u>$5e^{kt}$ 以外に解がないことを示したわけでないからである</u>. もし $5e^{kt}$ の他に解があったとすれば, それも求めないと, 時刻 t に残っているラジウムの量が確定しないので困る. 幸いな

ことに

(28.1) の解の一意性　すなわち (28.1) の解があったとすれば，それは $5e^{kt}$ に等しいことが証明できる．

証明　$y = e^{-kt}f(t)$ は，積の微分公式 (14.2) および $f(t)$ が (28.1) の解であることを用い

$$y' = (e^{-kt})' \cdot f(t) + e^{-kt} \cdot f'(t)$$
$$= -ke^{-kt}f(t) + e^{-kt}kf(t) = 0$$

を満足する．ゆえに定理 8（§9）によって $y(t) = e^{-kt}f(t) =$ 定数 C．この C は，$y(t)$ の初期条件 $y(0) = 1 \times f(0) = 5$ によって $C = 5$ でなければならない．ゆえに $e^{-kt}f(t) = 5$ すなわち

$$f(t) = 5e^{kt}$$ ∎

半減期の問題　ラジウムのような放射性物質の量が，崩壊を始めてのち最初の量の半分になる時刻 $t_{1/2}$ を求めるのには

$$\exp(kt_{1/2}) = \frac{1}{2}$$

を解けばよい．すなわちこの放射性物質の**半減期** $t_{1/2}$ は，上式の対数をとって $\log 2$ の値（134 ページ下線部）を用い

$$t_{1/2} = \frac{1}{k} \cdot (-\log 2) = \frac{-1}{k} \times 0.69315$$

であることがわかる．$|k|$ が小さいほど，半減期は長い．炭素の同位体 C14 では，その $t_{1/2} = 5.73 \times 1000$ 年であるという．原爆などによる汚染がきれいになるまでの時間は長い！

発展方程式 (28.1) の方程式 $f'=kf$ は, $\dfrac{f'(t)}{f(t)}=k$ と同じことである. これは $f(t)$ の**相対変化率**あるいは $f(t)$ の対数微分商

$$(28.2) \qquad \frac{d}{dt}\log f(t) = \frac{f'(t)}{f(t)}$$

が, あらかじめ与えられた既知の定数 k に等しいことを示す. これを一般化して, あらかじめ与えられた定数 k と g とに対して

$$(28.3) \quad \frac{df(t)}{dt} = kf(t)+g,\ f(0)=f_0 \quad (t\geq 0)$$

を考える. 右辺の g は, $f(t)$ の値に無関係に $f(t)$ の変化を促進 ($g>0$ のとき) または抑制 ($g<0$) する源 (source) があることを示す, 時間的に一定な変化率の項である. このような微分方程式 (28.3) は (28.1) とともに**発展方程式**というものの例になっている. すなわち量 $f(t)$ の時間的発展を示す変化率が $f(t)$ の一次式によって与えられる方程式で*, 次の定理が成り立つ.

定理 22 (28.3) の解 f は次式で与えられる.

$$(28.4) \qquad f(t) = f_0 e^{kt}+ge^{kt}\cdot\int_0^t e^{-ks}ds$$

註 e^{-kt} はつねに >0 かつ $t>0$ であるから, g が >0 ならば, $f(t)>f_0 e^{kt}$, また g が <0 ならば $f(t)<f_0 e^{kt}$ となる g の影響がよくわかるのである.

---

* 非斉次項 g のある一階線形常微分方程式とも呼ばれる微分方程式である.

証明 (28.4) の導き方は次のようにすればよい. $f'=kf$ の解 Ce^{kt} における定数 C を t の関数として $C(t)$ と書き,

$$(28.5) \qquad f(t) = C(t)e^{kt}$$

が $f'=kf+g$ の解になるように $C(t)$ を定める*. すなわち, 積の微分公式 (14.2) により

$$f'(t) = C'(t)e^{kt}+C(t)\cdot ke^{kt}$$

これが $kf(t)+g$ に等しいという条件から

$$C'(t)e^{kt}+C(t)\cdot ke^{kt} = kC(t)e^{kt}+g$$

これを $C'(t)$ について解いて

$$C'(t) = ge^{-kt}$$

を得る. ゆえに定数 C_1 によって

$$C(t) = g\int_0^t e^{-ks}ds+C_1$$

このようにして, (28.5) から $f'=kf+g$ の解

$$(28.6) \qquad f(t) = C_1 e^{kt}+ge^{kt}\int_0^t e^{-ks}ds$$

が求められた**. これが**初期条件** $f(0)=f_0$ を満足する為に, 上式で $t=0$ とおいて

$$f_0 = f(0) = C_1\cdot 1+g\cdot 1\cdot 0 = C_1$$

---

* この方法は, ラグランジュの定数変化法の一つの例になっている.
** この解法は, g が定数でなく連続関数のときにもそのまま使えるから, そのときは解が次のようになる.

$$(28.6)' \qquad f(t) = C_1 e^{kt}+e^{kt}\int_0^t g(s)e^{-ks}ds$$

すなわち $C_1=f_0$ を得て (28.3) の解 (28.4) が求められた.

註 この解の一意性の証明は次のようにするとよい.
(28.4) で与えられる解 $f(t)$ の他に (28.3) の解 $\bar{f}(t)$ があったとして, $y(t)=f(t)-\bar{f}(t)$ とおくと, これは
$$y'(t) = f'(t)-\bar{f}'(t) = kf(t)+g-(k\bar{f}(t)+g)$$
$$= k(f(t)-\bar{f}(t)) = ky(t)$$
を満足し, かつ初期条件 $y(0)=f(0)-\bar{f}(0)=f_0-f_0=0$ も満たしている. ゆえに上の, g の項がない微分方程式の場合にならって, 次のようにして $y(t)=0$ を示す. すなわち
$$e^{-kt}y(t) = z(t)$$
とおくと, 積の微分の公式 (14.2) と, $y'=ky$ により,
$$z'(t) = -ke^{-kt}y(t)+e^{-kt}y'(t)$$
$$= -ke^{-kt}y(t)+e^{-kt}ky(t) = 0$$
となるので, $z(t)=e^{-kt}y(t)=$定数C_0. ところが $y(0)=0$ であったから, $t=0$ とおいて
$$z(0) = 1 \cdot y(0) = 0 = C_0$$
ゆえに $C_0=0$ となって $z(t)=e^{-kt}y(t)=C_0=0$. これで $y(t)=0$ が証明されたので $f(t)=\bar{f}(t)$. ∎

§29 アメーバ増殖型の微分方程式と人口変動型の微分方程式, 変数分離法

まず

アメーバ増殖の微分方程式 ビーカーの中のアメーバの集団のように, 各単細胞アメーバがそれぞれ分裂によって

増殖する型の場合を考える．時刻 t におけるアメーバの量（個数）$x(t)$ について，時刻 t における増殖率には $x(t)$ に比例する項 $\alpha x(t)$（α は定数）と，個体がぶつかり合って互いに傷つけ合うというような**人口過剰**（overpopulation）によって増殖が阻止される方向に働くことを示す項 $\beta x(t)^2$（β は定数）があると考えられるので，

$$(29.1) \quad \begin{cases} \alpha, \beta \text{ を正数として,} \\ \dfrac{dx(t)}{dt} = \alpha x(t) - \beta x(t)^2 \quad (t \geq 0) \end{cases}$$

の形の一階の微分方程式*の解 $x(t)$ が，ビーカー内のアメーバの個数の増殖の型を予想させると考える．

註 アメーバの**個数** $x(t)$ といってしまっては，それを微分した $\dfrac{dx(t)}{dt}$ などというのはおかしい．また各アメーバは，いずれも〇秒経過すると分裂して2個になる．そのおのおのはまた〇秒経過すると分裂して2個になるわけで，それが鼠算式に繰り返されてゆくわけであろうが，各アメーバごとにその分裂を始めた創生の時期は異なる．ところが各創生の時期の異なるアメーバの**おびただしい個数の集団**であるから，各瞬間毎に全個数の或る定まった％が分裂するというようになっていると考えて，微分方程式 (29.1) というモデルが考察の対象になるのであろう．このようなことは，§28 に取扱ったラジウムの崩壊についてもいっておくべきであった．

---

* この微分方程式も発展方程式（§28）の一つの拡張である．

§29 アメーバ増殖型の微分方程式と人口変動型の微分方程式，変数分離法

微分方程式 (29.1) の解法 x の関数 $X(x)$ で

(29.2) $$\frac{dX}{dx} = \frac{1}{\alpha x - \beta x^2}$$

を満足するもの $X(x)$ を求めると，この $X(x)$ の x に (29.1) の解 $x(t)$ を代入した $X(x(t))$ は，合成関数の微分公式 (15.2) によって

$$\begin{aligned}\frac{dX(x(t))}{dt} &= \frac{dX}{dx} \cdot \frac{dx}{dt} \\ &= \frac{1}{\alpha x(t) - \beta x(t)^2} \cdot (\alpha x(t) - \beta x(t)^2) \\ &= 1\end{aligned}$$

となるので，

(29.3) $$X(x(t)) = t + 定数$$

となるはずである．ゆえにまず (29.2) を解いてみる．

(29.4) $$\frac{1}{\alpha x - \beta x^2} = \frac{1}{\alpha}\left(\frac{1}{x} + \frac{\beta}{\alpha - \beta x}\right)$$

であるから，次の二つの場合を区別する：

 i) $\dfrac{\alpha}{\beta} > x > 0$ * と　ii) $\dfrac{\alpha}{\beta} < x$ と．

まず i) の場合の取扱い．$x > 0, \alpha - \beta x > 0$ のところであるから，(29.4) の原始関数として，

$$X(x) = \frac{1}{\alpha}\log x - \frac{1}{\alpha}\log(\alpha - \beta x)$$

が得られる——つまりこの X を x で微分すると，(29.4)

---

* $x(t)$ は個体数であるから >0．

の右辺になる．この $X(x)$ の x のところに (29.1) の解 $x(t)$ を代入すると，$X(x(t))=t+$定数となるのだから

$$\log\left(\frac{x(t)}{\alpha-\beta x(t)}\right) = \alpha t + 定数$$

を得て，両辺の exp が等しいとおくと*

(29.5) $\quad \dfrac{x(t)}{\alpha-\beta x(t)} = Ce^{\alpha t} \quad (C は定数\neq 0)$**

これから $x(t)$ を解いて

(29.6) $\quad x(t) = \dfrac{\alpha Ce^{\alpha t}}{1+\beta Ce^{\alpha t}} = \dfrac{\alpha}{\beta + C^{-1}e^{-\alpha t}}$

を得る．

<u>i) の場合</u>を考えているのだから，$x(t)$ の初期条件 $x(0)=x_0$ は

(29.7) $\quad\quad\quad\quad \dfrac{\alpha}{\beta} > x_0 > 0$

を満足するはずである．(29.5) で $t=0$ とおくと

$$\frac{x_0}{\alpha-\beta x_0} = C \text{ すなわち } C^{-1} = \frac{\alpha-\beta x_0}{x_0}$$

となるので

(29.6)′ $\quad x(t) = \dfrac{\alpha/\beta}{1-(1-\alpha/\beta x_0)e^{-\alpha t}}$

が求められた．

---

* (24.14) により $\exp(\log z)=z$．
** (25.1) によって $\exp(\alpha t+定数)=\exp(\alpha t)\cdot\exp(定数)$．$\exp(定数)=C$ であるから $C\neq 0$．

註 1 この解 $x(t)$ の一意性は,解があるとしてその解 $x(t)$ を $X(x)$ のなかに代入して (29.5), (29.6), (29.6)′ の順序で得られたものであるから明らかである.

註 2 $\dfrac{\alpha}{\beta} > x_0 > 0$ であるから,$(1-\alpha/\beta x_0) < 0$. ゆえに $t \to +\infty$ のとき $e^{-\alpha t}$ が減少しつつ $\to 0$ となるので

(29.8) $\begin{cases} \dfrac{\alpha}{\beta} > x_0 > 0 \text{ ならば,解 } x(t) \text{ は } t \text{ の増加} \\ \text{関数であり,かつ } \lim_{t \to +\infty} x(t) = \dfrac{\alpha}{\beta} \end{cases}$

次に ii) の場合,すなわち $\dfrac{\alpha}{\beta} < x$ の場合.(29.4) を

(29.4)′ $\qquad \dfrac{1}{\alpha x - \beta x^2} = \dfrac{1}{\alpha}\left(\dfrac{1}{x} - \dfrac{\beta}{\beta x - \alpha}\right)$

と書き直して,(29.4)′ の原始関数

$$X(x) = \dfrac{1}{\alpha}\log x - \dfrac{1}{\alpha}\log(\beta x - \alpha) = \dfrac{1}{\alpha}\log\dfrac{x}{\beta x - \alpha}$$

を求めると,(29.3) から定数 C によって

$$\dfrac{1}{\alpha}\log\dfrac{x(t)}{\beta x(t) - \alpha} = t + C,$$

$$\text{ゆえに } \dfrac{x(t)}{\beta x(t) - \alpha} = C_1 e^{\alpha t} \quad (C_1 \neq 0)$$

を得る.だから前と同じようにして初期条件 $x(0) = x_0 > \dfrac{\alpha}{\beta}$ に対する一意解 $x(t)$ が求められる:

(29.6)″ $\qquad x(t) = \dfrac{\alpha/\beta}{1-(1-\alpha/\beta x_0)e^{-\alpha t}}$

これは (29.6)′ と同じ形であるが,$x_0 > \dfrac{\alpha}{\beta}$ であるから,$1 > (1 - \alpha/\beta x_0) > 0$ となる. よって前のように

$$(29.8)' \quad \begin{cases} x_0 > \dfrac{\alpha}{\beta} > 0 \text{ ならば, } x(t) \text{ は } t \text{ の減少関数} \\ \text{であり, かつ } \lim_{t \to +\infty} x(t) = \dfrac{\alpha}{\beta} \end{cases}$$

が成り立つのである. いずれにしても

<u>アメーバ増殖型の微分方程式 (29.1) では, 初期条件 $x(0) = x_0$ が $\dfrac{\alpha}{\beta}$ と異なるときには, すべての $t > 0$ で $x(t) \neq \dfrac{\alpha}{\beta}$ かつ $\lim_{t \to +\infty} x(t) = \dfrac{\alpha}{\beta}$ となるのである.</u>

注意 $x(t) = \dfrac{\alpha}{\beta}$ は, $x(0) = \dfrac{\alpha}{\beta}$ となる (29.1) の解である[*].

人口変動型の微分方程式 雌雄のある両性生殖では, 雌と雄との出会いによって**出生の起こる項**は, 雌雄のそれぞれの人口が全人口 $x(t)$ の半分ずつであるとすると, $\dfrac{1}{2} x(t) \times \dfrac{1}{2} x(t)$ に比例して人口増殖の方向に働くので, $\beta x(t)^2$ $(\beta > 0)$ となると考える[**]. また各個体が病気や老衰によって**死亡する項**は, $x(t)$ に比例して人口減少の方向に働くので, $-\alpha x(t)$ $(\alpha > 0)$ となるものと考える.

このようにして, 人口の変動の型は, 微分方程式 (定数

---

[*] この解の一意性は証明できるけれども, ここではその証明には立ち入らない.

[**] 生殖能力のない老若もあり, また生殖能力があるからといってそんなに乱交 (?) するものでもあるまいから, 正数 β は 1 よりずっと小さいはずであろう.

§29 アメーバ増殖型の微分方程式と人口変動型の微分方程式, 変数分離法　147

β も定数 α も >0 として)

(29.9) $\qquad \dfrac{dx(t)}{dt} = \beta x(t)^2 - \alpha x(t) \quad (t \geqq 0)$

の解 $x(t)$ が, 時点 t における人口を予想させるというモデルで考える学者のあることも, 一応の意義はあるのであろう. それはさておき

微分方程式 (29.9) の解法　(29.1) の x の時と同じようにやる. まず

(29.10) $\qquad \dfrac{dX}{dx} = \dfrac{1}{\beta x^2 - \alpha x}$

の解 $X(x)$ を求め, x のところに (29.9) の解 $x(t)$ を代入すると, 合成関数の微分公式 (§15) で

$$\dfrac{dX(x(t))}{dt} = \dfrac{1}{\beta x(t)^2 - \alpha x(t)} \cdot (\beta x(t)^2 - \alpha x(t)) = 1$$

となるから

(29.11) $\qquad X(x(t)) = t + 定数$

よって

(29.12) $\quad \dfrac{1}{\beta x^2 - \alpha x} = \dfrac{1}{(\beta x - \alpha)x} = \dfrac{1}{\alpha}\left(\dfrac{\beta}{\beta x - \alpha} - \dfrac{1}{x}\right)$

の原始関数 $X(x)$ を求める. $\underline{\beta x - \alpha > 0}$ のところでは

$$X(x) = \dfrac{1}{\alpha}\log(\beta x - \alpha) - \dfrac{1}{\alpha}\log x = \dfrac{1}{\alpha}\log\dfrac{\beta x - \alpha}{x}$$

をとって (29.11) から $\exp(\log z) = z$ を用い

$$\dfrac{\beta x(t) - \alpha}{x(t)} = Ce^{\alpha t} \quad (定数\ C \neq 0)$$

これを $x(t)$ について解くと

(29.13) $$x(t) = \frac{\alpha}{\beta - Ce^{\alpha t}}$$

ところが初期条件 $x(0)=x_0$ は，上の $\beta x-\alpha>0$ にあわせて，$\beta x_0>\alpha$ とするので

$$x(0) = x_0 = \frac{\alpha}{\beta - C \cdot 1} \text{ により } C = \beta - \frac{\alpha}{x_0}$$

ゆえに求める一意解* $x(t)$ は

(29.14) $$x(t) = \frac{\alpha}{\beta - \left(\beta - \dfrac{\alpha}{x_0}\right)e^{\alpha t}} = \frac{\dfrac{\alpha}{\beta}}{1 - \left(1 - \dfrac{\alpha}{\beta}\dfrac{1}{x_0}\right)e^{\alpha t}}$$

となる．$\beta x_0-\alpha>0$ であるから $0<\left(1-\dfrac{\alpha}{\beta}\dfrac{1}{x_0}\right)<1$ となるので，t が 0 から増加して

$$\left(1 - \frac{\alpha}{\beta}\frac{1}{x_0}\right)e^{\alpha t_0} = 1$$

であるような t_0 すなわち

(29.15) $$t_0 = -\log\left(1 - \frac{\alpha}{\beta}\frac{1}{x_0}\right)^{1/\alpha}$$

に限りなく近づいてゆくと，(29.14) の右辺の分母はいくらでも 0 に近づくので $\lim_{t \to t_0-0} x(t) = +\infty$ となる．

よって初期条件 $x_0=x(0)$ が $>\dfrac{\alpha}{\beta}$ ならば，t がある有限な時間 t_0 ((29.15) に与えた) に近づいてゆくとき，人口

---

* 得られた解が一意解であることは，アメーバのときと同じ証明ができることから明らか．

$x(t)$ は爆発的に無限に増加する.

次に, 初期条件 $x(0)=x_0<\dfrac{\alpha}{\beta}$ の場合を考える. このときは, $\beta x<\alpha$ のところで考えているのであるから, (29.12) の代わりに

(29.12)′ $$\frac{1}{\beta x^2-\alpha x} = \frac{1}{\alpha}\left(\frac{-\beta}{\alpha-\beta x}-\frac{1}{x}\right)$$

として $\dfrac{1}{\beta x^2-\alpha x}$ の原始関数

$$X(x) = \frac{1}{\alpha}\log(\alpha-\beta x) - \frac{1}{\alpha}\log x = \frac{1}{\alpha}\log\frac{\alpha-\beta x}{x}$$

をとって, (29.11) と $\exp(\log z)=z$ を用い

$$\frac{\alpha-\beta x(t)}{x(t)} = Ce^{\alpha t} \quad (定数\ C\neq 0)$$

これを $x(t)$ について解くと

(29.13)′ $$x(t) = \frac{\alpha}{Ce^{\alpha t}+\beta}$$

これに初期条件 $x(0)=x_0<\dfrac{\alpha}{\beta}$ を代入して

$$x_0 = \frac{\alpha}{C+\beta} \text{ すなわち } C = \beta\left(\frac{\alpha}{\beta}\frac{1}{x_0}-1\right)$$

を得るので, $x_0<\dfrac{\alpha}{\beta}$ により $C>0$. こうして一意解は, (29.13)′ から, 初期条件 $x_0=x(0)$ を含んだ形

(29.14)′ $$x(t) = \frac{\dfrac{\alpha}{\beta}}{\left(\dfrac{\alpha}{\beta}\dfrac{1}{x_0}-1\right)e^{\alpha t}+1}$$

で求められた．$\left(\dfrac{\alpha}{\beta}\dfrac{1}{x_0}-1\right)>0$ であるから，$\lim\limits_{t\to+\infty}e^{\alpha t}=+\infty$ によって次の結果を得る：

<u>初期条件 $x(0)=x_0<\dfrac{\alpha}{\beta}$ のときには，人口 $x(t)$ は，時間 t が経過するに従って減少し，$t\to+\infty$ に到って絶滅する．</u>

この意味で産児制限などで，総人口が $\dfrac{\alpha}{\beta}$ を割った——すなわち $\dfrac{\alpha}{\beta}$ より少なくなったときには，種族滅亡の徴候であるというのである*．

変数分離法　微分方程式 (29.1) を形式的に

$$\frac{dx}{\alpha x-\beta x^2} = \frac{dt}{1}$$

と書いて，<u>従属変数（関数）x と独立変数 t とが分離された</u>ということがある．両辺に積分記号を付けて

$$\int\frac{dx}{\alpha x-\beta x^2} = \int\frac{dt}{1}$$

と書き，$\dfrac{1}{\alpha x-\beta x^2}$ の原始関数 $X(x)$ と $\dfrac{1}{1}$ の原始関数 $t+C$ （C は定数）とが等しいとして，

　　$X(t) = t+C$，したがって $X(x(t)) = t+C$

を導いたのが，さきに述べた (29.1) や (29.9) の解 $x(t)$ を求める方法であった．

こう考えると，x の関数 $f(x)$ と t の関数 $g(t)$ によって

(29.15) 　　　　　　$\dfrac{dx}{dt} = \dfrac{f(x)}{g(t)}$

---

*　アメーバの時と同じく，初期条件が $\dfrac{\alpha}{\beta}$ の $x(t)\equiv\dfrac{\alpha}{\beta}$ は解になっている．理想的な人口とでもいうのか？

の形に与えられた微分方程式も，これを

(29.16) $\dfrac{dx}{f(x)} = \dfrac{dt}{g(t)}$ したがって $\displaystyle\int \dfrac{dx}{f(x)} = \int \dfrac{dt}{g(t)}$

と書く．$\dfrac{1}{f(x)}$ の原始関数 $X(x)$ と $\dfrac{1}{g(t)}$ の原始関数 $T(t)$ に対し，<u>$x'(t)$ が連続な $x(t)$ が，初期条件 $x(t_0)=x_0$ および</u>

(29.17) $\quad X(x(t)) = T(t)+C \quad$ （C は定数）

<u>を満足するように定数 C の定まるとき，この $x(t)$ は (29.15) の解になる</u>*．ただし（当然のことながら）t_0, x_0 は $g(t_0) \neq 0, f(x_0) \neq 0$ でなければならない．

この $x(t)$ が (29.15) の解であることは，(29.17) の両辺を，(15.2) を用いて t で微分するとわかる：

$$\dfrac{dX}{dx}\cdot\dfrac{dx}{dt} = \dfrac{1}{f(x(t))}\cdot\dfrac{dx}{dt} = \dfrac{dT}{dt} = \dfrac{1}{g(t)}$$

応用例 $\dfrac{dx}{dt}=t^{-\alpha}x^\beta$ （$1>\alpha>0$, $1>\beta>0$; $t_0 \neq 0$, $x_0 \neq 0$）のときには

$$\int \dfrac{dx}{x^\beta} = \int \dfrac{dt}{t^\alpha}$$

から

$$\dfrac{x(t)^{1-\beta}}{1-\beta} = \dfrac{t^{1-\alpha}}{1-\alpha}+C \quad (C \text{ は定数})$$

を得て，$x(t)$ が t と定数 C とを含む関数として求められる．C は初期条件 $x(t_0)=x_0$ を上の式に代入して

---

* このようにして解を求めることを**変数分離法**という．

$$\frac{x_0{}^{1-\beta}}{1-\beta} = \frac{t_0{}^{1-\alpha}}{1-\alpha}+C$$

から定まって C_0 となるので，$x(t_0)=x_0$ を満たす解 $x(t)$ が次のように求められる．

$$x(t) = \left\{(1-\beta)\frac{t^{1-\alpha}}{1-\alpha}+(1-\beta)C_0\right\}^{1/1-\beta}$$

練習問題 1

(1)　$\log_a b \times \log_b a=1$ $(a>0, b>0)$ を証明せよ．(ヒント：$\log_a b=x, \log_b a=y$ とおくと $a^x=b, b^y=a$)

(2)　$f(x)=x^x$ $(x>0)$ を微分せよ．(ヒント：$x^x=e^{x\log x}$)

(3)　$f(x)=x^x$ が $1<x<\infty$ において増加関数であることを示せ．(ヒント：前問を用いよ)

(4)　微分せよ．
  (i)　$e^{\exp(x)}=\exp(e^x)$ 　　(ii)　$\log\log x=\log(\log x)$

(5)　積分せよ．
  (i)　$\int_0^{\log 2} e^x dx$ 　　(ii)　$\int_a^b \log x\, dx$ $(0<a<b)$ (ヒント：部分積分法を $\int_a^b x' \cdot \log x\, dx$ に適用せよ)
  (iii)　$\int \frac{x}{x-4}dx$ (ヒント：$\frac{x}{x-4}=1+\frac{4}{x-4}$)
  (iv)　$\int \frac{1}{x^2-1}dx$ $\left(\text{ヒント：} \frac{1}{x^2-1}=\frac{1}{2}\left(\frac{1}{x-1}-\frac{1}{x+1}\right)\right)$
  (v)　$\int_1^e x\cdot \log x\, dx$ $\left(\text{ヒント：} \int_1^e \left(\frac{x^2}{2}\right)' \cdot \log x\, dx \text{ に部分積分法を適用せよ}\right)$
  (vi)　前問を，置換積分法 $x=e^t$ で解け．
  (vii)　$\int \frac{1}{1+e^x}dx$ (ヒント：$x=\log t$ において置換積分法を適用せよ)

(6) (27.7) において $p=3, q=2$ とおいて得る

$$\log 3 = \log 2 + 2\left\{\frac{1}{5} + \frac{1}{3}\left(\frac{1}{5}\right)^3 + \frac{1}{5}\left(\frac{1}{5}\right)^5 + \frac{1}{7}\left(\frac{1}{5}\right)^7 + \frac{1}{9}\left(\frac{1}{5}\right)^9 + \cdots\right\}$$

と $\log 2 = 0.693147\cdots$ を用いて $\log 3$ の近似計算をせよ (真の値 $1.098612\cdots$).

(7) 同様にして (27.7) において $p=4, q=3$ とおいて $\log 4$ の近似計算をせよ (真の値 $1.386294\cdots$).

(8) 次の微分方程式を $y(1)=1$ によって解け.
 (i) $\dfrac{dy}{dx} = \dfrac{y}{x}$ (ii) $\dfrac{dy}{dx} = \dfrac{y^2}{x}$ (iii) $\dfrac{dy}{dx} = xy$
 (ヒント:変数分離法 (29.17) を用いよ)

(9) 次の微分方程式を解け.
 (i) $y' + 2y = 3$, $y(0) = 1$
 (ii) $y' - 3y = 2$, $y(0) = 0$
 (iii) $y' + ay = b$, $y(0) = c$ (a, b, c は定数)
  ((i), (ii), (iii) のヒント: (28.6))
 (iv) $y' + 2y = e^x$, $y(0) = 1$
 (v) $y' - 3y = x^4$, $y(0) = 2$
 (vi) $y' + ay = bx^3$, $y(0) = c$ (a, b, c は定数)
  ((iv), (v), (vi) のヒント: (28.6)′)

§30 変数の値が無限大になるときの関数の値の大きさの比較. 広義の定積分

無限大の位数 変数 x が $\to +\infty$ なるときには関数

$$x^\alpha \ (\alpha > 0), \ \log x, \ e^{\alpha x} \ (\alpha > 0)$$

なども $\to +\infty$ である. x^α については (26.1) を用いよ.

しかしながら,これら関数の増大してゆく様子はいろい

ろである．たとえば $\alpha>\beta>0$ ならば，

$$\frac{x^\alpha}{x^\beta} \text{ は} \to +\infty \text{ で,} \quad \frac{x^\beta}{x^\alpha} \to 0$$

である．一般に，二つの関数 $f(x), g(x)$ について，$x\to +\infty$ なるとき $|f(x)|\to+\infty$, $|g(x)|\to+\infty$ とするとき，

i) $\displaystyle\lim_{x\to+\infty}\frac{|f(x)|}{|g(x)|} = +\infty$

ii) $\displaystyle\lim_{x\to+\infty}\frac{|f(x)|}{|g(x)|} = 0$

iii) $\displaystyle\lim_{x\to+\infty}\frac{|f(x)|}{|g(x)|} = 0$ でない有限値

に従って，$x\to+\infty$ なるとき，i) <u>$f(x)$ は $g(x)$ よりは高い位数*で無限大になる</u>；ii) <u>$f(x)$ は $g(x)$ より低い位数で無限大になる</u>；iii) <u>$f(x)$ と $g(x)$ とは同じ位数で無限大になる</u>という．そして ii) の場合には $f(x)=o(g(x))$ と書く．この o は小さいオーで位数が $g(x)$ のより低いことを示すのである．

i) の例は $f(x)=ax^3+bx^2+c$ $(a\neq 0)$, $g(x)=x^2$；ii) の例は $f(x)=x^2+x$, $g(x)=x^3+2x+1$；iii) の例は $f(x)=x^3+1$, $g(x)=2x^3+x$.

定理23 α を任意の正数としたとき

(30.1) $$\lim_{x\to+\infty}\frac{x^\alpha}{e^x} = 0$$

すなわち，$x\to+\infty$ なるとき e^x は x^α より位数が高い．

---

* order

§30 変数の値が無限大になるときの関数の値の大きさの比較.広義の定積分

証明 $\alpha<n$ である自然数 n をとる.(27.3)によって

(30.2) $\quad 0 < 1+\dfrac{x}{1!}+\dfrac{x^2}{2!}+\cdots+\dfrac{x^n}{n!} < e^x \quad (x>0)$

である.明らかに $x^\alpha=o(x^n)$ であり,かつ x^n は $\left(1+\dfrac{x}{1!}+\cdots+\dfrac{x^n}{n!}\right)$ と同じ位数で,e^x は $\left(1+\dfrac{x}{1!}+\cdots+\dfrac{x^n}{n!}\right)$ より位数が低くないことから (30.1) が示された. ∎

系

(30.1)′ $\quad \alpha>0$ ならば $\displaystyle\lim_{x\to+\infty}\dfrac{\log x}{x^\alpha}=0$

証明 $\log x=y$ とおくと,(26.1)により $x^\alpha=e^{\alpha\log x}=e^{\alpha y}$.ところが,(30.2) と同じく

$$0 < 1+\dfrac{\alpha y}{1!}+\dfrac{(\alpha y)^2}{2!} < e^{\alpha y} \quad (y>0)$$

であるから,(30.1) と同じようにして

$$\lim_{x\to+\infty}\dfrac{\log x}{x^\alpha}=\lim_{y\to+\infty}\dfrac{y}{e^{\alpha y}}=0 \qquad ∎$$

無限小の位数 上と同じく,$x\to 0$ のとき $f(x)\to 0$ および $g(x)\to 0$ であるとする.このとき,

i) $\displaystyle\lim_{x\to 0}\dfrac{f(x)}{g(x)}=0$

ii) $\displaystyle\lim_{x\to 0}\dfrac{f(x)}{g(x)}=0$ でない有限値

iii) $\displaystyle\lim_{x\to 0}\dfrac{f(x)}{g(x)}=+\infty$

に従って,$x\to 0$ であるとき,i) $f(x)$ は $g(x)$ より高い位

数の**無限小** (infinitesimal) である；ii) $f(x)$ と $g(x)$ とは同じ位数の無限小である；iii) $f(x)$ は $g(x)$ より低位の無限小であるという．そして i) のときには $f(x)=o(g(x))$ と書く．

例 i) の例は $f(x)=x^2$, $g(x)=ax$. ii) の例は $f(x)=x^\alpha+x^{2\alpha}$, $g(x)=x^{2\alpha}(\alpha>0)$. また，iii) の例は $f(x)=x^\alpha$, $g(x)=x^\beta$ $(\beta>\alpha>0)$ で与えられる*．

なお

(30.3) $$\lim_{x\to 0}\frac{|x|^\alpha}{\dfrac{1}{|\log|x||}}=0\quad(\alpha>0)$$

(30.4) $$\lim_{x\to 0}\frac{e^{-1/|x|}}{|x|^\alpha}=0\quad(\alpha>0)$$

も成り立つ．$\dfrac{1}{|x|}=y$ とおくと，(30.4) は $\lim_{y\to+\infty}\dfrac{y^\alpha}{e^y}=0$ すなわち (30.1) に帰着される．

(30.3) の証明 $\log|x|=y$ とおく．$|x|\to 0$ なるとき $y\to -\infty$ であることは §24 に示した．ゆえに y は負の数と思って

$$\frac{|x|^\alpha}{\dfrac{1}{|\log|x||}}=\frac{e^{\alpha y}}{\dfrac{1}{|y|}}=\frac{|y|}{e^{\alpha|y|}}$$

これは $|y|\to+\infty$ のとき $\to 0$ となる（(30.1) と同じ）． ∎

---
* $x^\alpha=e^{\alpha\log x}$ であるから，$x\to+0$ のときに $\log x\to-\infty$ となって $\alpha\log x\to-\infty$．したがって $x^\alpha\to 0$．

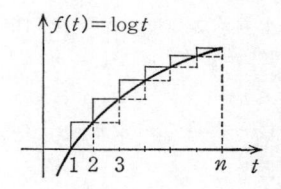

階乗 $n!$ の大きさ　次のことがいえる：

(30.5)　$en^n e^{-n} < n! < \left(1+\dfrac{1}{n}\right)^{n+1} n^{n+1} e^{-n}$　$(n=1, 2, \cdots)$

証明　定積分 $\displaystyle\int_1^n \log t\, dt$ の積分範囲 $1 \leqq t \leqq n$ を $n-1$ 等分して，この積分の不足和*（点線の階段図形の面積）を求めると

$$\log 2 + \log 3 + \cdots + \log(n-1) = \log((n-1)!)$$
$$< \int_1^n \log t\, dt$$

同じく過剰和（点線でない方の階段図形の面積）を作って

$$\log 2 + \log 3 + \cdots + \log n = \log(n!) > \int_1^n \log t\, dt$$

が得られる．一方において部分積分で

$$\int_1^n \log t\, dt = t \cdot \log t \Big|_1^n - \int_1^n t \cdot \frac{1}{t} dt = n \log n - n + 1$$

ゆえに

$$\log((n-1)!) < n \log n - n + 1 < \log(n!)$$

---

*　§13 を見よ．

このあとの方の不等式から，exp の中へ代入して
$$e^{n\log n - n + 1} = e^{\log n^n} \cdot e^{-n} \cdot e = n^n e^{-n} e < n!$$
すなわち $n^n e^{-n} e < n!$．

同じく，$\log((n-1)!) < n\log n - n + 1$ の方から exp に代入して
$$(n-1)! < e^{n\log n - n + 1} = n^n e^{-n} \cdot e$$
n を $(n+1)$ でおきかえて
$$n! < (n+1)^{n+1} e^{-n-1} \cdot e = \left(1 + \frac{1}{n}\right)^{n+1} n^{n+1} e^{-n} \quad ■$$

スターリング[*]**の公式** (30.5) をもっとくわしくした

(30.6) $$\lim_{n\to\infty} \frac{n!}{\sqrt{2\pi n}\, n^n e^{-n}} = 1$$

が成り立つ．この事実の証明は，§38 に与える．

広義の積分 定積分の積分範囲が，有限な区分 $[a, b]$ でなかったり，またその範囲の端(はし)の点で積分される関数が ∞ になったりするときがある．このような場合の処理に役立つのが無限大の位数の概念である．二，三の例で説明しよう．

例1 $0 < \delta < 1$ とする．$\int_\delta^1 t^{-1/2} dt$ は，$\delta \to 0$ のときに極限に近づくか．近づくならばその極限を求めよ．

解 (26.3) により $\int_\delta^1 t^{-1/2} dt = 2t^{1/2}\Big|_\delta^1 = 2 - 2\delta^{1/2}$ であるから，$\lim_{\delta\to +0} \delta^{1/2} = 0$ を用い

---

[*] James Stirling (1692-1770)

(30.7) $$\lim_{\delta \to +0} \int_\delta^1 t^{-1/2} dt = 2$$

ゆえに $\lim_{t \to +0} t^{-1/2} = \lim_{t \to +0} \dfrac{1}{\sqrt{t}} = +\infty$ となるにもかかわらず (30.7) が成り立つ．このようなとき，**広義積分** (improper integral) $\int_0^1 t^{-1/2} dt$ が存在するといい，$\int_0^1 t^{-1/2} dt = 2$ と書く．

問題 1 $0 < p < 1$ とする．広義積分

(30.8) $$\int_0^1 \frac{1}{t^p} dt = \frac{1}{1-p}$$

を証明せよ．

例 2 $\lim_{\delta \to +\infty} \int_0^\delta e^{-t} t \, dt$ を求めよ．

解 部分積分で

$$\int_0^\delta e^{-t} t \, dt = -e^{-t} t \Big|_0^\delta + \int_0^\delta e^{-t} dt$$

$$= -e^{-\delta} \cdot \delta - e^{-t}\Big|_0^\delta = -e^{-\delta} \cdot \delta - e^{-\delta} + 1$$

ゆえに (30.1) により

$$\lim_{\delta \to +\infty} \int_0^\delta e^{-t} t \, dt = 1$$

となって，広義積分 $\int_0^\infty e^{-t} t \, dt = 1$ である．

問題 2 $\int_0^\delta e^{-t} t^2 dt = -e^{-t} \cdot t^2 \Big|_0^\delta + \int_0^\delta e^{-t} \cdot 2t \, dt$

これから広義積分について

$$\int_0^\infty e^{-t} t^2 dt = 2 \int_0^\infty e^{-t} t \, dt = 2 \cdot 1$$

を示せ．また同じく部分積分によって
$$\int_0^\delta e^{-t}t^3 dt = -e^{-t}t^3 \Big|_0^\delta + \int_0^\delta e^{-t}\cdot 3t^2 dt$$
これから，また広義積分について
$$\int_0^\infty e^{-t}t^3 dt = 3\int_0^\infty e^{-t}t^2 dt = 3\cdot 2$$
以下同様にして，すべて自然数 n に対して

(30.9) $$\int_0^\infty e^{-t}t^n dt = n!$$

を示せ．

例題 $s>0$ のとき広義積分

(30.10) $$\Gamma(s) = \int_0^\infty e^{-t}t^s dt$$

が存在することを示せ．

証明 $\delta>0$ に対して
$$f(\delta) = \int_0^\delta e^{-t}t^s dt$$
とおくと，$\delta'>\delta$ であるとき (20.4) によって

(30.11) $$f(\delta') = \int_0^\delta e^{-t}t^s dt + \int_\delta^{\delta'} e^{-t}t^s dt$$

この右辺第2項は，$0<e^{-t}t^s$ である関数の δ から $\delta'>\delta$ までの積分として (20.9) により正値である．ゆえに関数値 $f(\delta)$ は，δ の増加に対して増加する．

しかしあとから示すように，δ より大きな δ' をとったとき $\delta' \to +\infty$ としても

§30 変数の値が無限大になるときの関数の値の大きさの比較.広義の定積分　161

(30.12) $\int_{\delta}^{\delta'} e^{-t}t^s dt$ は限りなく大きくはならない.

したがって，(30.11) から $\delta' \to +\infty$ としたとき $\int_0^{\delta'} e^{-t}t^s dt$ は増加してゆくが或る一定の値を越えないので，或る有限の極限値をもつ*.これを，$\lim_{\delta' \to +\infty} \int_0^{\delta'} e^{-t}t^s dt$ と書き，**広義の定積分**

$$\Gamma(s) = \int_0^\infty e^{-t}t^s dt = \lim_{\delta' \to +\infty} \int_0^{\delta'} e^{-t}t^s dt$$

が得られた.

(30.12) の証明 $s+2<n$ となる自然数 n をとる.e^t のテイラー展開 (27.3) からわかるように

$$e^t > \frac{t^n}{n!} \text{ であるから } e^t > \frac{t^n}{n!} > \frac{t^{s+2}}{n!} \quad (t>0)$$

逆数をとって

$$e^{-t} < n!\, t^{-s-2} \text{ すなわち } e^{-t}t^s < n!\, t^{-2}$$

ゆえに (20.9) から

$$\int_{\delta}^{\delta'} e^{-t}t^s dt < \int_{\delta}^{\delta'} n!\, t^{-2} dt = n!(-t^{-1})\Big|_{\delta}^{\delta'} = n!(\delta^{-1} - (\delta')^{-1})$$

すなわち $\int_{\delta}^{\delta'} e^{-t}t^s dt < n!\, \delta^{-1}$（すべての $\delta'>\delta$ で）　∎

例題の系として

(30.13) $\Gamma(s) = s\Gamma(s-1) \quad (s-1>0 \text{ のとき})$

証明 部分積分で

---

* これも「実数の連続性」といわれる性質である.

$$\int_0^\delta e^{-t}t^s dt = -e^{-t}t^s \Big|_0^\delta + \int_0^\delta e^{-t} \cdot st^{s-1} dt$$

において右辺第1項 $(-e^{-\delta}\delta^s)$ は $\delta \to +\infty$ のとき，(30.1) により0にいくらでも近づく．よって $\delta \to +\infty$ のとき上式から，

$$\Gamma(s) = \int_0^\infty e^{-t}t^s ds = s\int_0^\infty e^{-t}t^{s-1} dt = s\Gamma(s-1) \qquad ■$$

註 ガンマ関数 (30.10) はオイラー (L. Euler, 1707-1783) によって導入されたもので，階乗 $n!$ の n を一般の数 s に拡張したものである．

練習問題2

次の広義の積分は存在するか．
(1) $\int_0^1 \frac{1}{t^2} dt$ (2) $\int_1^\infty \frac{1}{t^{2/3}} dt$ (3) $\int_1^\infty \frac{1}{t^{3/2}} dt$
(4) $\int_0^1 \frac{\log t}{t^{1/2}} dt$ (5) $\int_1^\infty t e^{-t^2} dt$ (6) $\int_1^\infty t^2 e^{-t^2} dt$

解答 広義積分の存在しないものは，(1) と (2) である．(なぜか？)

II₄　円周運動と三角関数

§31　角の単位ラジアン

図のように B の所の角が直角（90°；90度と読む）の三角形 ABC において辺の長さの比

(31.1) $\begin{cases} \dfrac{\overline{AB}}{\overline{AC}} \text{ を } \angle ACB \text{ の正弦,} \\ \dfrac{\overline{CB}}{\overline{AC}} \text{ を角 } \angle ACB \text{ の余弦} \end{cases}$

と呼ぶことはよく知られている*.

しかし，数学や物理学においては**度**よりも，以下に説明する**ラジアン**（radian）を単位として角の大きさを測る方が便利がよい．

半径が1の円を**単位円**と呼ぶ．点 O を中心とする単位円を考え，点 $O=(0,0)$ から点 $P=(1,0)$ の方向に延びた線分 $\overrightarrow{OP}$ と，点 O から円周上の点 $Q=(x,y)$ の方向に延びた線分および円弧 $\overparen{PQ}$ とでかこまれた角領域 A の面積を

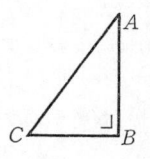

---

*　正弦（sine—サインと読む），余弦（cosine—コサインと読む）

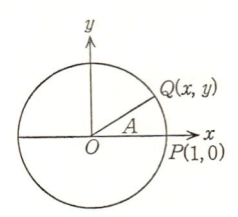

A_s, 円弧 $\overset{\frown}{PQ}$ の長さを s とする．長さ s は面積 A_s に比例するものと考えられるので A_s と書くのである：
$$s = kA_s$$
単位円の全円周の長さは 2π，また単位円の全面積は π であるから，上の比例定数 k は 2 でなければならない．すなわち

(31.2) $$s = 2A_s$$

ラジアンの定義 ∠POQ の大きさは，(31.2) で与えられる円弧 $\overset{\frown}{PQ}$ の長さ s が θ のときに θ ラジアンであるという．従って $\overrightarrow{OQ}$ が，最初の位置 $\overrightarrow{OP}$ から，点 O を中心として，時計の針と逆向きに 1 回転してもとの $\overrightarrow{OP}$ までまわって来たときには，回転した角は，単位円の全円周の弧の長さで与えられるから，2π ラジアンである．すなわち (31.2) により

(31.3) $$360° = 2\pi \text{ ラジアン}$$

である．特に
$$2 \text{直角} = 180° = \pi \text{ ラジアン}$$
$$1 \text{直角} = 90° = \frac{\pi}{2} \text{ ラジアン}$$

$$60° = \frac{\pi}{3} \text{ ラジアン}$$

$$45° = \frac{\pi}{4} \text{ ラジアン}$$

などである.

角の正負　動径とも呼ばれる $\overrightarrow{OQ}$ の回転には**正・負の向き**が決められる. $\overrightarrow{OQ}$ が**正の向き**（時計の針と反対の向き）に回転するときに, 点 Q が最初の位置 P から単位円周上を動いた円弧の長さ θ が角 $\angle POQ$ で, このときはこの角 θ に正の符号をつける. 従って $\overrightarrow{OQ}$ が正の向きに, $\overrightarrow{OP}$ から 1 回転半回転したときの回転した角 θ は正で

$$\theta = (360+180)° = 3\pi \text{ ラジアン}$$

同じく, 動径 $\overrightarrow{OQ}$ が**負の向き**（時計の針のまわる向き）に 1 回転するときには, 点 Q が最初の位置 P から単位円周上を動いた円弧の長さ 2π ラジアンに負の符号を付けるので, 回転した角 θ は

$$\theta = -360° = -2\pi \text{ ラジアン}$$

とするのである.

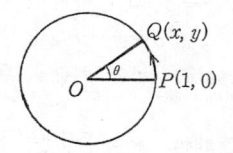

§32 正弦関数 sin θ, 余弦関数 cos θ

符号つきの角をラジアンで測り，点 Q の座標を (x, y) とし

(32.1) $$\cos \theta = x, \quad \sin \theta = y$$

によって，コサイン θ，サイン θ を定義する*．これらは第1象限の内部 $\left(0 < \theta < \dfrac{\pi}{2}\right)$ の点 $Q(x, y)$ に対しては (31.1) と違わない．

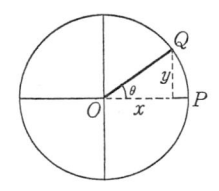

しかし第2象限 $\left(\dfrac{\pi}{2} \leqq \theta \leqq \pi\right)$ の $Q(x, y)$ に対しては，$\cos \theta = x \leqq 0$, $\sin \theta = y \geqq 0$；また第3象限 $\left(\pi \leqq \theta \leqq \dfrac{3}{2}\pi\right)$ のときには $\cos \theta = x \leqq 0$, $\sin \theta = y \leqq 0$；最後に第4象限 $\left(\dfrac{3\pi}{2} \leqq \theta \leqq 2\pi\right)$ のときには $\cos \theta = x \geqq 0$, $\sin \theta = y \leqq 0$ である．

(32.1) で，$x^2 + y^2 = \overline{OQ}$ の2乗 $= 1$ だから

(32.2) $$\cos^2 \theta + \sin^2 \theta = 1$$

である．ここに $\cos^2 \theta$, $\sin^2 \theta$ は $(\cos \theta)^2$, $(\sin \theta)^2$ の習慣的な記法である．

cos θ, sin θ の周期性　動径 $\overrightarrow{OQ}$ を，初めの位置 $\overrightarrow{OP}$ か

---

* 余弦関数，正弦関数と呼ばれるものの θ における値である．

ら θ ラジアンだけ回転しても,また $(\theta+2\pi)$ ラジアンだけ回転しても,点 Q は単位円周上の同じ位置に来て止まるから

(32.3)　$\cos(\theta+2\pi) = \cos\theta,\ \sin(\theta+2\pi) = \sin\theta$

なお一般に

(32.3)′　$\begin{cases} \cos(\theta+2n\pi) = \cos\theta \\ \sin(\theta+2n\pi) = \sin\theta \end{cases}$　$(n=0,\ \pm1,\ \pm2,\cdots)$

この事実を,余弦関数,正弦関数が 2π を周期 (period) とする周期関数であるという.

　註　関数が周期をもつということは,今までに学んだ,x の多項式,x の多項式の比としての x の分数式などのみならず,対数関数,指数関数などのいずれにもなかった新性質である.

　さて上と同じく,点 $Q(x,y)$ を点 $(x,-y)$ まで回転してわかるように

(32.4)　$\cos(-\theta) = \cos\theta,\ \sin(-\theta) = -\sin\theta$

である.また動径を $\dfrac{\pi}{2}$ ラジアン回転してわかるように

(32.5)　$\begin{cases} \cos\left(\theta+\dfrac{\pi}{2}\right) = -\sin\theta \\ \sin\left(\theta+\dfrac{\pi}{2}\right) = \cos\theta \end{cases}$

が成り立つ.これは三角形 QOx と三角形 $OQ'x'$ とが合同な図形になることからわかる(次ページの図).

　なお三角関数と呼ばれるのは,余弦関数,正弦関数の他に正接関数,余接関数:

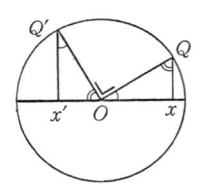

$$
(31.6) \quad \begin{cases} \tan\theta = \dfrac{\sin\theta}{\cos\theta} & \text{(タンジェント)} \\ \cot\theta = \dfrac{\cos\theta}{\sin\theta} & \text{(コタンジェント)} \end{cases}
$$

および,それぞれコセカント,セカントと呼ばれる

$$\operatorname{cosec}\theta = \frac{1}{\sin\theta}, \ \sec\theta = \frac{1}{\cos\theta}$$

もある.

§33 $\sin\theta$, $\cos\theta$ の導関数

$0<\theta<\dfrac{\pi}{2}$ とする.次ページの図のように角 $\angle POQ=\theta$,角 $\angle POR=-\theta$ とし,点 P における単位円周への接線が,$\overrightarrow{OQ}$ の延長と交わる点を S,$\overrightarrow{OR}$ の延長と交わる点を T とする.このとき次の不等式が成り立つ:

$$(33.1) \quad \sin\theta < \theta < \tan\theta \quad \left(0<\theta<\frac{\pi}{2}\right)$$

証明 まず $\overline{OQ}=1$ であるから

$$\sin\theta = xQ = \frac{RQ}{2} < \frac{\overparen{RPQ}}{2} = \frac{2\theta}{2} = \theta$$

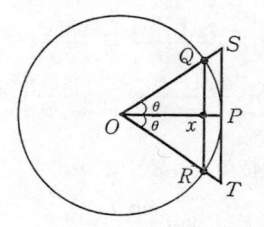

によって $\sin\theta<\theta$. 次に

$$\text{扇形 }OPQ\text{ の面積} < \text{三角形 }OPS\text{ の面積}$$

によって

$$\pi\times\frac{\theta}{2\pi} = \frac{\theta}{2} < \frac{1}{2}\times 1\times\tan\theta$$

これから $\theta<\tan\theta$ を得る.

(33.1) の系として

(33.2) $\quad 0<\theta<\dfrac{\pi}{2}$ のとき $\cos\theta<\dfrac{\sin\theta}{\theta}<1$

ここで $\lim_{\theta\to+0}\cos\theta=1$ を用いると

$$\lim_{\theta\to+0}\cos\theta = 1 \leqq \lim_{\theta\to+0}\frac{\sin\theta}{\theta} \leqq 1*$$

すなわち $\lim_{\theta\to+0}\dfrac{\sin\theta}{\theta}=1$ が得られる. ところが, (32.4) によって $\sin(-\theta)=-\sin\theta$ であるから, $0<\theta<\dfrac{\pi}{2}$ として

---

* (33.2) の不等式で, $\theta\to+0$ のとき $\cos\theta$ が $\to 1$ であるからこれと1との間にある $\dfrac{\sin\theta}{\theta}$ は $\to 1$ とならないわけにいかない.

$$\frac{\sin(-\theta)}{-\theta} = \frac{\sin\theta}{\theta}$$

となるので，$\displaystyle\lim_{-\theta \to -0}\frac{\sin(-\theta)}{-\theta} = \lim_{\theta \to +0}\frac{\sin\theta}{\theta} = 1$.

ゆえに，

定理 24 次の極限式が成り立つ：

(33.3) $$\lim_{\theta \to 0}\frac{\sin\theta}{\theta} = 1$$

註 単位円周の弦 RQ の長さ $\overline{RQ}=2\sin\theta$，円弧 $\widehat{RPQ}=2\theta$ であるから，(33.3) は，弦 RQ の長さ $\overline{RQ}$ が $\to 0$ のとき

(33.3)′ $$\lim_{\overline{RQ} \to 0}\frac{\text{弦 }RQ\text{ の長さ}}{\text{円弧 }\widehat{RPQ}\text{ の長さ}} = 1$$

が成り立つ．これが (33.3) の意味するところである．

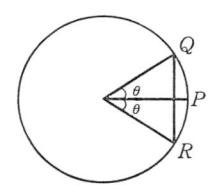

定理 24 の系

(33.4) $\theta=0$ において $\dfrac{d\sin\theta}{d\theta} = 1,\ \dfrac{d\cos\theta}{d\theta} = 0$

証明 初めの部分は，(33.3) と $\sin 0 = 0$ とからわかる*．またあとの方は，(32.2) と $\cos 0 = 1$ とから次のよう

---

* $\dfrac{\sin\theta - \sin 0}{\theta - 0} = \dfrac{\sin\theta}{\theta}$

にしてわかる．すなわち

$$\frac{\cos\theta-\cos 0}{\theta-0} = \frac{\cos\theta-1}{\theta}$$

$$= \frac{(\cos\theta-1)(\cos\theta+1)}{\theta}\cdot\frac{1}{\cos\theta+1}$$

$$= \frac{\cos^2\theta-1}{\theta}\cdot\frac{1}{\cos\theta+1}$$

$$= \frac{-\sin^2\theta}{\theta^2}\frac{\theta}{\cos\theta+1}$$

この右辺の $\frac{-\sin^2\theta}{\theta^2}$ は，(33.3) によって，$\theta\to 0$ のとき $\to -1$．また右辺の $\frac{\theta}{\cos\theta+1}$ は，$\theta\to 0$ のとき $\to\frac{0}{1+1}=0$．

こうして (33.4) のあとの部分も証明された．■

註　(33.4) は次のようにも書ける：

$$(33.4)'\quad\begin{cases}\theta = 0\text{ のとき，}\\ \dfrac{d\sin\theta}{d\theta} = \cos\theta,\ \dfrac{d\cos\theta}{d\theta} = -\sin\theta\end{cases}$$

ここで本節の主題である

$$\boldsymbol{\frac{d\sin\theta}{d\theta} = \cos\theta,\ \frac{d\cos\theta}{d\theta} = -\sin\theta}\text{ の証明}$$

に入る．その為に，次の定理を用いる．

定理 25（加法定理）　ラジアンで与えられた任意の角 θ と φ とに対して

(33.5)　　$\cos(\theta+\varphi) = \cos\theta\cdot\cos\varphi - \sin\theta\cdot\sin\varphi$

(33.6)　　$\sin(\theta+\varphi) = \sin\theta\cdot\cos\varphi + \cos\theta\cdot\sin\varphi$

この定理の証明は次の節に与えることにして，(33.4)―(33.5) から

(33.7) $$\frac{d\cos\theta}{d\theta} = -\sin\theta$$

および (33.4)―(33.6) から

(33.8) $$\frac{d\sin\theta}{d\theta} = \cos\theta$$

が導かれることを示す．

(33.7) の証明 (33.5) により
$$\cos(\theta+\varphi)-\cos\theta = \cos\theta\cdot\cos\varphi-\cos\theta-\sin\theta\cdot\sin\varphi$$
したがって，$\cos\theta$ のニュートン商
$$\frac{\cos(\theta+\delta)-\cos\theta}{\delta} = \cos\theta\cdot\frac{\cos\delta-1}{\delta}-\sin\theta\cdot\frac{\sin\delta}{\delta}$$
ここで $\delta\to 0$ ならしめて，(33.4) から (33.7) が得られる．

(33.8) の証明も (33.4)―(33.6) を用いれば同じ様であるから，読者の練習にゆだねる．

注意 三角関数に関して基本的な公式 (33.7) および (33.8) は，角 θ をラジアンで測った $\cos\theta, \sin\theta$ であることから導かれたことを忘れてはいけない．度を用いて定義された正弦関数を $\widehat{\sin}$ とでも書くことにすると，
$$\widehat{\sin}(180) = \sin\pi$$
である．そして一般に任意の数 x に対して
$$\widehat{\sin}(180x) = \sin(\pi x)$$
となるので

$$\widehat{\sin}(x) = \sin\left(\frac{\pi}{180}x\right)$$

となるから，合成関数の微分公式（15.2）から，

$$\frac{d\widehat{\sin}(x)}{dx} = \frac{d\sin\left(\dfrac{\pi}{180}x\right)}{d\left(\dfrac{\pi}{180}x\right)} \frac{d\left(\dfrac{\pi}{180}x\right)}{dx}$$

$$= \cos\left(\frac{\pi}{180}x\right)\cdot\frac{\pi}{180} = \frac{\pi}{180}\widehat{\cos}(x)$$

となってしまう．ここに $\widehat{\cos}$ は度を用いて定義された余弦関数である．

このようにしてラジアンを採用することの適切なことがわかるであろう．なお蛇足かも知れないが，普通の**数表**や**電卓**においては三角関数は度で表示されていることもあるから，これを使用するときにはその注意をしなければならない．

§34 $\sin\theta, \cos\theta$ の加法定理の証明．ドゥ・モアーヴルの公式

まず，

(34.1)　$\cos(\theta+\varphi) = \cos\theta\cdot\cos\varphi - \sin\theta\cdot\sin\varphi$

の証明．

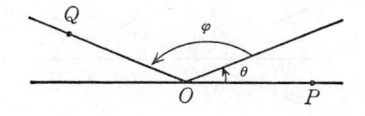

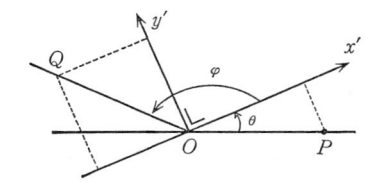

図のように $\overline{OP}=1, \overline{OQ}=1$ とすると，P と Q の座標は
$$P(1,0), \quad Q(\cos(\theta+\varphi), \sin(\theta+\varphi))$$
で与えられる．距離 $\overline{PQ}$ は，x-座標の差の2乗に y-座標の差の2乗を加えたものの平方根であるから
$$\begin{aligned}
\overline{PQ}^2 &= (1-\cos(\theta+\varphi))^2+(0-\sin(\theta+\varphi))^2 \\
&= 1-2\cos(\theta+\varphi)+\cos^2(\theta+\varphi)+\sin^2(\theta+\varphi) \\
&= 2-2\cos(\theta+\varphi) \quad (\cos^2\psi+\sin^2\psi=1 \text{ による})
\end{aligned}$$

ここで，下図のような x' 軸と y' 軸をとる．そうするとこの新しい座標軸に対する座標は，$\overline{OP}=1, \overline{OQ}=1$ により，P では $(\cos\theta, \sin(-\theta))$，$Q$ では $(\cos\varphi, \sin\varphi)$ であるから，この新しい座標で計算すると
$$\begin{aligned}
\overline{PQ}^2 &= (\cos\theta-\cos\varphi)^2+(\sin(-\theta)-\sin\varphi)^2 \\
&= \cos^2\theta-2\cos\theta\cdot\cos\varphi+\cos^2\varphi \\
&\quad +\sin^2\theta+2\sin\theta\cdot\sin\varphi+\sin^2\varphi \\
&\quad (\text{ここに } \sin(-\theta)=-\sin\theta \text{ を用いた}) \\
&= (\cos^2\theta+\sin^2\theta)+(\cos^2\varphi+\sin^2\varphi) \\
&\quad -2\cos\theta\cdot\cos\varphi+2\sin\theta\cdot\sin\varphi \\
&= 2-2\cos\theta\cdot\cos\varphi+2\sin\theta\cdot\sin\varphi \\
&\quad (\text{ここに } \cos^2\psi+\sin^2\psi=1 \text{ を用いた})
\end{aligned}$$

これを初めの $\overline{PQ}^2 = 2-2\cos(\theta+\varphi)$ とくらべて (34.1) が得られた. ∎

次に
(34.2)　　$\sin(\theta+\varphi) = \sin\theta \cdot \cos\varphi + \cos\theta \cdot \sin\varphi$
の証明.

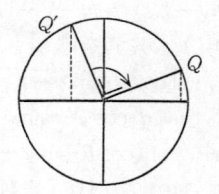

図の示すように

$$\sin(\theta+\varphi) = \cos\left(\theta+\varphi-\frac{\pi}{2}\right)$$

であるから, (34.1) により,

$$\sin(\theta+\varphi) = \cos\theta \cdot \cos\left(\varphi-\frac{\pi}{2}\right) - \sin\theta \cdot \sin\left(\varphi-\frac{\pi}{2}\right)$$
$$= \cos\theta \cdot \sin\varphi - \sin\theta \cdot (-\cos\varphi)^*$$
$$= \cos\theta \cdot \sin\varphi + \sin\theta \cdot \cos\varphi$$
∎

複素数の利用. ドゥ・モアーヴルの公式　三角関数の微分に関する基本公式 (33.7), (33.8) のもとは, (33.3) と加法定理 (34.1), (34.2) とであった. この加法定理は, 複素数 $\sqrt{-1}$ を利用して, 次の**ドゥ・モアーヴル****の公式

―――――――――
*　$\sin\left(\varphi-\frac{\pi}{2}\right) = -\cos\varphi$ を用いた.

(34.3) $(\cos\theta+\sqrt{-1}\sin\theta)\cdot(\cos\varphi+\sqrt{-1}\sin\varphi)$
$$= \cos(\theta+\varphi)+\sqrt{-1}\sin(\theta+\varphi)$$

の形で覚えておけば忘れようがない．すなわち，a, b, c, d を実数として，二つの複素数 $a+\sqrt{-1}b$ と $c+\sqrt{-1}d$ との掛け算の規則

$$(a+\sqrt{-1}b)\cdot(c+\sqrt{-1}d) = ac+\sqrt{-1}ad+\sqrt{-1}bc-bd$$

にしたがって，(34.3) の左辺を

$$\cos\theta\cdot\cos\varphi+\sqrt{-1}\cos\theta\cdot\sin\varphi+\sqrt{-1}\sin\theta\cdot\cos\varphi$$
$$-\sin\theta\cdot\sin\varphi = \cos\theta\cdot\cos\varphi-\sin\theta\cdot\sin\varphi$$
$$+\sqrt{-1}(\cos\theta\cdot\sin\varphi+\sin\theta\cdot\cos\varphi)$$

と計算する．そしてこの実数部分，虚数部分をそれぞれ右辺の実数部分，虚数部分と等しいと置けば cos および sin の加法定理

$$\cos\theta\cdot\cos\varphi-\sin\theta\cdot\sin\varphi = \cos(\theta+\varphi)$$
$$\cos\theta\cdot\sin\varphi+\sin\theta\cdot\cos\varphi = \sin(\theta+\varphi)$$

が出てくるのである．

註 三角関数の積を和に直す公式

$$\sin\theta\cdot\cos\varphi = \frac{1}{2}\Big\{\sin(\theta+\varphi)+\sin(\theta-\varphi)\Big\}$$

$$\cos\theta\cdot\sin\varphi = \frac{1}{2}\Big\{\sin(\theta+\varphi)-\sin(\theta-\varphi)\Big\}$$

$$\cos\theta\cdot\cos\varphi = \frac{1}{2}\Big\{\cos(\theta+\varphi)+\cos(\theta-\varphi)\Big\}$$

** Abraham De Moivre (1667-1754)

$$\sin\theta\cdot\sin\varphi = \frac{-1}{2}\Big\{\cos(\theta+\varphi)-\cos(\theta-\varphi)\Big\}$$

この最初の式は，加法定理

$$\sin(\theta+\varphi) = \sin\theta\cdot\cos\varphi+\cos\theta\cdot\sin\varphi$$
$$\sin(\theta-\varphi) = \sin\theta\cdot\cos\varphi-\cos\theta\cdot\sin\varphi$$

を加えて得られる．他も同様にしてできる．

§35 $\sin\theta, \cos\theta$ のグラフ

i) 三角形 ABC において $\angle B=$ 直角，$\angle C=30°$ ならば $\angle A=60°$ で，AC の中点を M とすると（次ページの図）

$$\overline{AB} = \overline{AM} = \overline{MB} = \overline{MC} = \frac{\overline{AC}}{2}$$

すなわち三角形 ABM が**正三角形**，三角形 MBC が二等辺三角形であることは初等幾何で習っている．ピタゴラス (Pythagoras, 530-510 B.C. 頃活躍) の定理によって

$$\overline{CB}^2+\overline{AB}^2 = \overline{AC}^2 = (2\overline{AB})^2 = 4\overline{AB}^2$$

これから $\overline{CB}^2=3\overline{AB}^2$ を得て，$30°=\frac{\pi}{6}$ ラジアンであるので

$$\begin{cases}\cos\dfrac{\pi}{6} = \dfrac{\overline{CB}}{2\overline{AB}} = \dfrac{\sqrt{3}\,\overline{AB}}{2\overline{AB}} = \dfrac{\sqrt{3}}{2} \\ \sin\dfrac{\pi}{6} = \dfrac{\overline{AB}}{2\overline{AB}} = \dfrac{1}{2}\end{cases}$$

ii) 次に三角形において $\angle B=$ 直角，$\angle C=45°$ ならば，$\angle A=45°$ で二等辺三角形になる．よってピタゴラスの定理で，

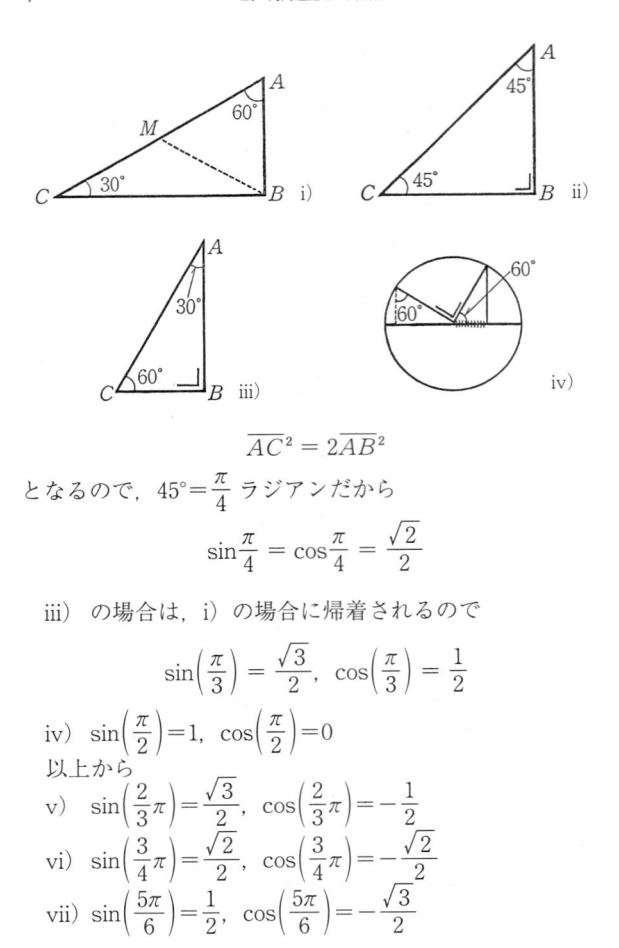

$$\overline{AC}^2 = 2\overline{AB}^2$$

となるので，$45° = \dfrac{\pi}{4}$ ラジアンだから

$$\sin\frac{\pi}{4} = \cos\frac{\pi}{4} = \frac{\sqrt{2}}{2}$$

iii) の場合は，i) の場合に帰着されるので

$$\sin\left(\frac{\pi}{3}\right) = \frac{\sqrt{3}}{2}, \quad \cos\left(\frac{\pi}{3}\right) = \frac{1}{2}$$

iv) $\sin\left(\dfrac{\pi}{2}\right) = 1$, $\cos\left(\dfrac{\pi}{2}\right) = 0$

以上から

v) $\sin\left(\dfrac{2}{3}\pi\right) = \dfrac{\sqrt{3}}{2}$, $\cos\left(\dfrac{2}{3}\pi\right) = -\dfrac{1}{2}$

vi) $\sin\left(\dfrac{3}{4}\pi\right) = \dfrac{\sqrt{2}}{2}$, $\cos\left(\dfrac{3}{4}\pi\right) = -\dfrac{\sqrt{2}}{2}$

vii) $\sin\left(\dfrac{5\pi}{6}\right) = \dfrac{1}{2}$, $\cos\left(\dfrac{5\pi}{6}\right) = -\dfrac{\sqrt{3}}{2}$

viii) $\sin(\pi)=0$, $\cos(\pi)=-1$

そうして，$0\leq\theta\leq\pi$ ならば
$$\sin(\theta+\pi) = -\sin\theta, \ \cos(\theta+\pi) = -\cos\theta$$
であるから，$-2\pi\leq\theta\leq 2\pi$ における $\sin\theta, \cos\theta$ のグラフを描くと，下図のようになる．そしてあとは 2π を周期とするので，この左右にグラフを繰り返し延長してゆけばよい．

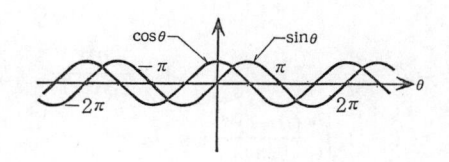

§36 $\sin\theta, \cos\theta$ のテイラー展開．オイラー公式

(33.7), (33.8) によって次の定理を得る．

定理 26 $y=\sin\theta$ は微分方程式
(36.1) $\qquad y'' = -y, \ y(0) = 0, \ y'(0) = 1$
の解である．また $z=\cos\theta$ は次の微分方程式の解である．
(36.2) $\qquad z'' = -z, \ z(0) = 1, \ z'(0) = 0$

註 $y=\sin\theta$ も，$z=\cos\theta$ も同じ形の微分方程式 $w''=-w$ を満足している．y と z の違いは，$\theta=0$ における初期条件の違い
$$y(0) = 0, \ y'(0) = 1, \ z(0) = 1, \ z'(0) = 0$$
から来ているのである．

$\sin\theta$ のテイラー展開 (36.1) から

$y(0)=0$, $y'(0)=1$, $y''(0)=-y(0)=0$, $y^{(3)}(0)=-y'(0)$
$=-1$, $y^{(4)}(0)=-y''(0)=0$, $y^{(5)}(0)=-y^{(3)}(0)=1$, $\cdots$
以下同様にして

(36.3)　$y^{(2n)}(0)=0$, $y^{(2n-1)}(0)=(-1)^{n-1}$　$(n=1,2,\cdots)$

ただし $y^{(0)}=y$ とする.

これを用いて, $y=\sin\theta$ の $\theta=0$ を中心とするテイラー展開（§22）は次のようになる.

(36.4)
$$\begin{cases} \sin\theta = \theta - \dfrac{\theta^3}{3!} + \dfrac{\theta^5}{5!} - \cdots + (-1)^{n-1}\dfrac{\theta^{2n-1}}{(2n-1)!} + R_{2n+1}, \\ R_{2n+1} = (-1)^n \displaystyle\int_0^\theta \dfrac{(\theta-t)^{2n}}{(2n)!}\cos t\, dt \end{cases}$$

このとき, $|\cos t|\leq 1$ $(-\infty<t<\infty)$ を用いて R_n の大きさの見積りは, (20.9) を用い

(36.5)　$|R_{2n+1}| \leq \left|\displaystyle\int_0^\theta \dfrac{(\theta-t)^{2n}}{(2n)!}dt\right| = \left|\left\{\dfrac{(\theta-t)^{2n+1}}{(2n+1)!}\right\}\Big|_{t=0}^{t=\theta}\right|$
$\qquad\qquad = \dfrac{1}{(2n+1)!}|\theta|^{2n+1}$

で与えられる.

ゆえに, $\dfrac{|\theta|^{2n+1}}{(2n+1)!}$ を越えない誤差のもとに

(36.6)　$\sin\theta = \theta - \dfrac{\theta^3}{3!} + \dfrac{\theta^5}{5!} - \cdots + (-1)^{n-1}\dfrac{\theta^{2n-1}}{(2n-1)!}$

としてよい. すなわち, (e^x のときと同じく) $\sin\theta$ の $\theta=0$ を中心とするテイラー級数展開が求められた:

$(36.6)'$ $\sin\theta = \theta - \dfrac{\theta^3}{3!} + \dfrac{\theta^5}{5!} - \cdots + (-1)^{n-1}\dfrac{\theta^{2n-1}}{(2n-1)!} + \cdots$

上の近似式 (36.6) の

応用例 1 $\sin(0.1)$ の近似式として，(36.6) の右辺第 1 項 0.1 をとったときの誤差の絶対値は，(36.5) により

$$|R_3| \leq \dfrac{10^{-3}}{3!} = \dfrac{1}{6} \times 0.001$$

を越えない．

応用例 2 $\sin\left(\dfrac{\pi}{6} + 0.2\right)$ を計算せよ．

解 $\sin\theta$ を，$\theta = a$ を中心にテイラー展開をして

$$\sin\theta = \sin a + (\theta - a)\dfrac{\cos a}{1!} - (\theta - a)^2\dfrac{\sin a}{2!}$$

$$- (\theta - a)^3\dfrac{\cos a}{3!} + R_4, \quad R_4 = \int_a^\theta \dfrac{(\theta - t)^3}{3!}\sin t\, dt$$

が得られる．ここで $a = \dfrac{\pi}{6}, \theta = \dfrac{\pi}{6} + 0.2$ とすると，$\sin\left(\dfrac{\pi}{6}\right) = \dfrac{1}{2}, \cos\left(\dfrac{\pi}{6}\right) = \dfrac{\sqrt{3}}{2}$ により

$$\sin\left(\dfrac{\pi}{6} + 0.2\right) = \dfrac{1}{2} + 0.2 \times \dfrac{\sqrt{3}}{2} - (0.2)^2\dfrac{1}{2} \times \dfrac{1}{2}$$

$$- (0.2)^3\dfrac{1}{6} \times \dfrac{\sqrt{3}}{2} + R_4$$

$$|R_4| \leq \left|\dfrac{1}{4!}(\theta - t)^4\right|_{t=a}^{t=\theta} = \dfrac{(0.2)^4}{4!}$$

$$= \dfrac{16 \times 10^{-4}}{24} \leq 10^{-4}$$

ゆえに，10^{-4} を越えない誤差の範囲で

$$\sin\left(\frac{\pi}{6}+0.2\right) = 0.5+0.2\times\frac{1.732}{2}$$

$$-0.04\times\frac{1}{4}-0.008\times\frac{1}{6}\times\frac{1.732}{2}$$

$$= 0.66204$$

$\cos\theta$ のテイラー展開 (36.2) から $z=\cos\theta$ に対して
$$z(0)=1,\ z'(0)=0,\ z''(0)=-z(0)=-1,$$
$$z^{(3)}(0)=-z'(0)=0,\ z^{(4)}(0)=-z''(0)=1,$$
$$z^{(5)}(0)=-z^{(3)}(0)=0,\cdots$$

であるから $z^{(0)}(\theta)=z(\theta)$ として

(36.7) $\quad z^{(2n+1)}(0)=0,\ z^{(2n)}(0)=(-1)^n \quad (n=0,1,\cdots)$

ゆえに，$z=\cos\theta$ の $\theta=0$ を中心とするテイラー展開は次のようになる．

(36.8)
$$\begin{cases} \cos\theta = 1-\frac{\theta^2}{2!}+\frac{\theta^4}{4!}-\frac{\theta^6}{6!}+\cdots+(-1)^{n-1}\frac{\theta^{2n-2}}{(2n-2)!}+R_{2n}, \\ R_{2n} = (-1)^n\int_0^\theta \frac{(\theta-t)^{2n-1}}{(2n-1)!}\cos t\,dt \end{cases}$$

このとき，$|\cos t|\leq 1\ (-\infty<t<\infty)$ と (20.9) とを用いて (36.5) と同じように

(36.9) $$|R_{2n}| \leq \frac{1}{(2n)!}|\theta|^{2n}$$

が得られる．よって $\frac{1}{(2n)!}|\theta|^{2n}$ を越えない誤差で

§36 $\sin\theta, \cos\theta$ のテイラー展開．オイラー公式

(36.10)　　$\cos\theta = 1 - \dfrac{\theta^2}{2!} + \dfrac{\theta^4}{4!} - \cdots + (-1)^{n-1}\dfrac{\theta^{2n-2}}{(2n-2)!}$

としてよい．すなわち，(e^x のときと同じく）$\cos\theta$ の $\theta=0$ を中心とするテイラー級数展開

(36.10)′

$$\cos\theta = 1 - \dfrac{\theta^2}{2!} + \dfrac{\theta^4}{4!} - \cdots + (-1)^{n-1}\dfrac{\theta^{2n-2}}{(2n-2)!} + \cdots$$

が得られた．

オイラー公式　指数関数と三角関数との深い関連を示すものとして，**オイラーの公式**と呼ばれている

(36.11)　　　　$e^{i\theta} = \cos\theta + i\sin\theta \quad (i=\sqrt{-1})$

がある．この右辺は，(36.6)′ と (36.10)′ により

$$\left(1 - \dfrac{\theta^2}{2!} + \dfrac{\theta^4}{4!} - \dfrac{\theta^6}{6!} + \cdots\right) + i\left(\theta - \dfrac{\theta^3}{3!} + \dfrac{\theta^5}{5!} - \cdots\right)$$

である．そうして左辺は，e^x のテイラー級数展開 (27.3) の x を $i\theta$ とおいた ($i^2=-1, i^3=-i, i^4=1, i^5=i, \cdots$)

(36.12)　$1 + \dfrac{i\theta}{1!} - \dfrac{\theta^2}{2!} - \dfrac{i\theta^3}{3!} + \dfrac{\theta^4}{4!} + \dfrac{i\theta^5}{5!} - \cdots + \dfrac{i^n\theta^n}{n!} + \cdots$

であるとすれば，(36.11) が成り立つというのである．

ここでは (36.12) のような**複素数項級数**の意味などに立ち入ることはできないが，**複素数関数論**[*]の教えるところによれば，(36.12) は加法定理

(36.13)　　　　　　$e^{i\theta} \cdot e^{i\varphi} = e^{i(\theta+\varphi)}$

---

[*]　たとえば高木貞治『解析概論（改訂第3版）』（岩波），または吉田洋一『函数論（第2版）』（岩波）などを見よ．

をも成り立たせるように，意味づけできるのである．このようにして，ドゥ・モアーヴルの公式 (34.3) は，複素数 $i=\sqrt{-1}$ をさらにより深く用いると，覚え易いオイラー公式の形

(36.13)' $\quad e^{i\theta} \cdot e^{i\varphi} = e^{i(\theta+\varphi)}, \quad e^{i\theta} = \cos\theta + i\sin\theta$

になるのである．

二項級数展開 ここで*，任意の実数 α による一般冪関数

(36.14) $\qquad f(x) = (1+x)^\alpha$

のテイラー級数展開すなわちいわゆる**二項級数展開**（binomial expansion）を求める．(26.3) で

$$f^{(k)}(x) = \alpha(\alpha-1)(\alpha-2)\cdots(\alpha-k+1)(1+x)^{\alpha-k}$$

ゆえに $f^{(k)}(0) = \alpha(\alpha-1)(\alpha-2)\cdots(\alpha-k+1)$ となり

(36.15) $\quad \alpha_k = \binom{\alpha}{k} = \dfrac{\alpha(\alpha-1)(\alpha-2)\cdots(\alpha-k+1)}{1\cdot 2\cdot 3\cdots k}$

$$(k=1, 2, \cdots)$$

と定義すると，$f(x)=(1+x)^\alpha$ の $x=0$ を中心とするテイラー展開 (22.5) は

(36.16) $\begin{cases} f(x) = (1+x)^\alpha = P_n(x) + R_n(x), \\ P_n(x) = 1 + \alpha_1 x + \alpha_2 x^2 + \cdots + \alpha_{n-1} x^{n-1}, \\ R_n(x) = n\alpha_n \int_0^x (x-t)^{n-1}(1+t)^{\alpha-n} dt \end{cases}$

によって与えられる．この剰余項 $R_n(x)$ は扱いにくいの

---

* これまで，うまいチャンスがなかったので．

で，テイラー展開（22.5）を使わない次のようにたくみな方法*を述べる．まず（36.15）から
$$(36.17) \qquad n\alpha_n = (\alpha-n+1)\alpha_{n-1}$$
を導き，次にこれを使って証明される
$$(36.18) \qquad \alpha P_n(x)-(1+x)P_n'(x) = n\alpha_n x^{n-1}$$
をも導く．（36.18）の証明は次の通りである．

$\alpha P_n(x)-(1+x)P_n'(x)$
$= \alpha(\alpha_{n-1}x^{n-1}+\alpha_{n-2}x^{n-2}+\cdots+\alpha_1 x+1)$
$-(1+x)((n-1)\alpha_{n-1}x^{n-2}+(n-2)\alpha_{n-2}x^{n-3}+\cdots+2\alpha_2 x+\alpha_1)$
$= (\alpha\alpha_{n-1}-(n-1)\alpha_{n-1})x^{n-1}$
$\quad+(\alpha\alpha_{n-2}-(n-1)\alpha_{n-1}-(n-2)\alpha_{n-2})x^{n-2}$
$\quad+(\alpha\alpha_{n-3}-(n-2)\alpha_{n-2}-(n-3)\alpha_{n-3})x^{n-3}+\cdots$
$\quad+(\alpha\alpha_1-2\alpha_2-\alpha_1)x+\alpha-\alpha_1$

この右辺の x^{n-1} の係数は，（36.17）によって $n\alpha_n$ に等しい．そして右辺の他の項 $x^{n-2}, x^{n-3}, \cdots, x$ および $x^0=1$ の係数はすべて（36.17）によって 0 になる．

こうして（36.18）が証明されたので
$$\frac{d}{dx}\frac{P_n(x)}{(1+x)^\alpha} = \frac{(1+x)P_n'(x)-\alpha P_n(x)}{(1+x)^{\alpha+1}} = -\frac{n\alpha_n x^{n-1}}{(1+x)^{\alpha+1}}$$
これを 0 から x（$-1<x<1$）まで積分して
$$\frac{P_n(x)}{(1+x)^\alpha}-1 = -n\alpha_n \int_0^x \frac{t^{n-1}}{(1+t)^{\alpha+1}}dt$$

---

* ヴァレ・プッサン（Ch. J. de la Vallée Poussin）の Cours d'Analyse Infinitésimale, Tome I, 第 6 版（1926），Gauthier-Villars, p. 428.

ゆえに、テイラー展開 (22.5) を使わないで

(36.19) $\quad (1+x)^\alpha = P_n(x) + n a_n (1+x)^\alpha \int_0^x \frac{t^{n-1}}{(1+t)^{\alpha+1}} dt$

を得た。右辺における積分 $\int_0^x \frac{t^{n-1}}{(1+t)^{\alpha+1}} dt$ を使い易い下の (36.20) の形*にする為に次のようにする。

x と α とを定めると、$\frac{1}{(1+t)^{\alpha+1}}$ は、t が 0 から x まで動くとき増加または減少する**. 簡単の為に、$x>0$ で $\alpha+1>0$ であるように x と α とが与えられていたとすると、$\frac{1}{(1+t)^{\alpha+1}}$ は減少であるから (20.8) を用い

$$\int_0^x t^{n-1} dt > \int_0^x \frac{t^{n-1}}{(1+t)^{\alpha+1}} dt > \frac{1}{(1+x)^{\alpha+1}} \int_0^x t^{n-1} dt$$

ゆえに、$x>0$ と $\alpha+1>0$ を決めておけば、$0 \leq \theta \leq 1$ で連続な θ の減少関数

$$\frac{1}{(1+\theta x)^{\alpha+1}} \int_0^x t^{n-1} dt = \frac{x^n}{n(1+\theta x)^{\alpha+1}}$$

は、$0<\theta_0<1$ である適当な θ_0 に対して

$$\frac{x^n}{n(1+\theta_0 x)^{\alpha+1}} = \int_0^x \frac{t^{n-1}}{(1+t)^{\alpha+1}} dt$$

を満足する。このようにして、$R_n(x)$ が次式で与えられ

---

* 小平邦彦『解析入門Ⅱ』(岩波基礎数学), p.237 には別の方法で
 (36.19)′ $\quad (1+x)^\alpha = P_n(x) + \alpha \prod_{k=1}^{n-1} \left(\frac{\alpha-k}{k} \right) \cdot (1+\theta x)^{\alpha-1} \left(\frac{1-\theta}{1+\theta x} \right)^{n-1} x^n$
 となる θ ($0<\theta<1$) の存在することを証明してある。

** $\alpha=-1$ のときには $\frac{1}{(1+t)^{\alpha+1}}=1$ となるが、それはあとから出て来る結果には影響しない。

る．

$$(36.20) \begin{cases} (1+x)^\alpha = P_n(x) + \alpha_n (1+x)^\alpha \dfrac{x^n}{(1+\theta_0 x)^{\alpha+1}}, \\ P_n(x) = 1 + \alpha_1 x + \alpha_2 x^2 + \cdots + \alpha_{n-1} x^{n-1} \end{cases} \quad (0<\theta_0<1)$$

ここに $\alpha_k = \binom{\alpha}{k}$ は (36.15) で与えられている．

註 上の証明の結果は，$-1<x<1$ であればすべての実数 α に対して適用できる（$\alpha=-1$ でもよい）．よって，次のごとく $(1+x)^\alpha$ の $|x|<1$ におけるテイラー級数展開ができる．

$$(36.20)' \begin{cases} (1+x)^\alpha = 1 + \alpha_1 x + \alpha_2 x^2 + \cdots + \alpha_n x^n + \cdots, \\ \alpha_n = \binom{\alpha}{n} = \dfrac{\alpha(\alpha-1)(\alpha-2)\cdots(\alpha-n+1)}{n!} \end{cases}$$

証明 まず $|x|<1$ である x を固定すると，$\dfrac{|1+x|^\alpha}{|1+\theta_0 x|^{\alpha+1}}$ は定まった数である．そうして

$$|\alpha_n x^n| = \prod_{k=1}^n \left| \frac{\alpha-k+1}{k} x \right| \leq \prod_{k=1}^n \left| \left(1 + \frac{|\alpha|+1}{k}\right) x \right|$$

$|x|<1$ であるから，十分大きい k_0 に対して

$$\left| \left(1 + \frac{|\alpha|+1}{k_0}\right) x \right| = \delta < 1$$

したがって $k \geq k_0$ ならば $\left| \left(1 + \dfrac{|\alpha|+1}{k}\right) x \right| \leq \delta$ となるので，

$$|R_n(x)| \leq \frac{|1+x|^\alpha}{|1+\theta_0 x|^{\alpha+1}} \prod_{k=1}^{k_0} \left(1 + \frac{|\alpha|+1}{k}\right) |x|^{k_0} \times \delta^{n-k_0}$$

であり，$0 \leq \delta < 1$ によって $n \to +\infty$ のとき $\delta^{n-k_0} = \exp((n$

$-k_0)\log\delta)\to 0$ となるので $R_n(x)\to 0$ である. ∎

二項展開の例

$$\frac{1}{1+x} = 1-x+x^2-x^3+\cdots$$

$$\frac{1}{(1+x)^2} = 1-2x+3x^2-4x^3+\cdots$$

$$\sqrt{1+x} = 1+\frac{1}{2}x-\frac{1}{2\cdot 4}x^2+\frac{1\cdot 3}{2\cdot 4\cdot 6}x^3-\frac{1\cdot 3\cdot 5}{2\cdot 4\cdot 6\cdot 8}x^4+\cdots$$

$$\frac{1}{\sqrt{1+x}} = 1-\frac{1}{2}x+\frac{1\cdot 3}{2\cdot 4}x^2-\frac{1\cdot 3\cdot 5}{2\cdot 4\cdot 6}x^3+\frac{1\cdot 3\cdot 5\cdot 7}{2\cdot 4\cdot 6\cdot 8}x^4-\cdots$$

$(1+0.03)^{1/3}$ の計算への応用 $n=3$ とすると (36.20) から

$$(1+0.03)^{1/3} = 1+\frac{\frac{1}{3}}{1}(0.03)+\frac{\frac{1}{3}\left(\frac{1}{3}-1\right)}{2!}(0.03)^2$$

$$+\frac{\frac{1}{3}\left(\frac{1}{3}-1\right)\left(\frac{1}{3}-2\right)}{3!}(1.03)^{1/3}(0.03)^3(1+\theta_0\times 0.03)^{-1-1/3}$$

を得る. このとき

$$P_3 = 1+0.01+\frac{-2}{2\cdot 3\cdot 3}(0.0009) = 1.0099$$

であり, $(1+\theta_0\times 0.03)^{-1-1/3}$ は $\theta_0>0$ により <1 だから

$$R_3 \leq (1.03)\frac{(-2)(-5)}{6\times 3\cdot 3\cdot 3}(0.000027) \leq 0.00000176$$

ゆえに <u>$1.0099<(1+0.03)^{1/3}<1.0099+0.00000176$</u> なる不等

§36 $\sin\theta, \cos\theta$ のテイラー展開．オイラー公式

式が得られた．

練習問題

(1) $0<x<2\pi$ において $\sin x \neq x$ であることを証明せよ．（ヒント：$f(x)=\sin x - x$ に対して $f'(x)=\cos x - 1$ が $0<x<2\pi$ で ≤ 0 であることと，$f(0)=0$ とを組合わせよ．）

(2) (1) を用いて，$x \neq 0$ ならば $\sin x \neq x$ であることを証明せよ．

(3) $0<x<2\pi$ において $\cos x > 1 - \dfrac{x^2}{2}$ であることを証明せよ．（ヒント：$f(x)=\cos x - 1 + \dfrac{x^2}{2}$ とおくと，$f'(x)=-\sin x + x$ は前々問により $0<x<2\pi$ において >0 であることと，$f(0)=0$ とを用いよ．）

(4) 前問を用い，$x \neq 0$ ならば $\cos x > 1 - \dfrac{x^2}{2}$ であることを証明せよ．

(5) $\sin x + \cos x$ の最大値，最小値を求めよ．（ヒント：$\sin^2 x + \cos^2 x = 1$ を用いよ．）

(6) 積分せよ．
 (i) $\displaystyle\int_{-\frac{\pi}{2}}^{\frac{\pi}{2}} \sin x \, dx$ (ii) $\displaystyle\int_{-\frac{\pi}{2}}^{\frac{\pi}{2}} \cos x \, dx$

(7) 積分せよ．
 (i) $\displaystyle\int_0^{\frac{\pi}{2}} \sin^2 x \, dx$ $\left(\text{ヒント}: \sin^2 x = \dfrac{-1}{2}(\cos 2x - 1)\right)$
 (ii) $\displaystyle\int_0^{\frac{\pi}{2}} \sin x \cdot \cos x \, dx$ $\left(\text{ヒント}: \sin x \cdot \cos x = \dfrac{1}{2} \sin 2x\right)$
 (iii) $\displaystyle\int_0^{\frac{\pi}{2}} \cos^2 x \, dx$ $\left(\text{ヒント}: \cos^2 x = \dfrac{1}{2}(\cos 2x + 1)\right)$

(8) 前問を用い $\displaystyle\int_0^{\frac{\pi}{2}} (\sin x + \cos x)^2 \, dx$ を求めよ．

(9) $\displaystyle\int_0^1 \sqrt{1-x^2} \, dx$ を求めよ．（ヒント：$x = \sin t$ とおいて置換積分）

(10) $\int_0^{\frac{\pi}{4}} \tan x\,dx$ を求めよ．（ヒント：$\tan x = \dfrac{(-\cos x)'}{\cos x}$ を用いよ．）

(11) $(1+0.02)^{1/4}$ の値を近似計算せよ．（ヒント：(36.20) にならえ．真の値 $1.0004962\cdots$）

(12) $\sin\left(\dfrac{\pi}{6}+0.1\right)$ の値を，§36 の応用例 2 の $\sin\left(\dfrac{\pi}{6}+0.2\right)$ にならって近似計算せよ．（真の値は $0.5839603\cdots$）

II₅ 一次元の力学（振動と回路）

§37₁ 振動の微分方程式 1（外力のない場合）

独立変数に文字 θ を使わないで，t を用いると
$$x = \sin t \quad (-\infty < t < +\infty)$$
は，時刻 t が遠い過去 $(-\infty)$ から遥かな未来 $(+\infty)$ まで流れてゆくときに，周期 2π のいわゆる**単振動**（simple harmonic oscillation）を行なっている.

時刻 t_0 における，平衡からのずれの大きさが（正・負の符号をこめて）$\sin t_0$ になっているように，平衡の位置が $x=0$ で与えられている下図に見られるごとく，x は，$x=0$ の上下に運動しているのである.

この $x(t) = \sin t$ は，定理 26 に示したように，二階の微分方程式

$$\frac{d^2 x}{dt^2} = -x$$

を満足している．そこで質点の運動に関係した二階の微分方程式

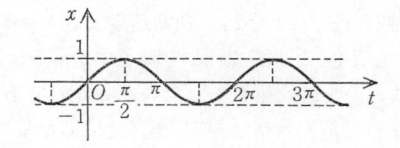

$$(37.1) \quad m\frac{d^2x}{dt^2} = -r\frac{dx}{dt} - kx + f(t)$$

を考えよう．ここに m, r, k はいずれも正の定数であり，かつ $f(t)$ は $-\infty < t < \infty$ で連続な実数の値をとる関数であるとする．

この m は質点の**質量**，r は**摩擦係数**と呼ばれるもので，質点のおかれている環境での空気抵抗のように質点の速度 $\dfrac{dx}{dt}$ に比例して質点の動きを押える方向に働く力 $-r\dfrac{dx}{dt}$ の比例係数を $-r$ $(r>0)$ としたのである．また k は**弾性係数**と呼ばれるもので，質点を支えているバネのような弾性体が，質点の平衡位置からの変位量 $x(t)$ に比例して質点を平衡位置に復元させようとする力 $-kx(t)$ の比例係数を $-k$ $(k>0)$ としたのである．なおまた，$f(t)$ はたとえば重力などのように外部からこの質点に働く外力の項である．

このようにして，上の微分方程式はニュートンの運動の法則 (17.3) を記述したものである．ここでは，もちろん，空気抵抗などは速度 $\dfrac{dx}{dt}$ に比例するとか，弾性的復元力は平衡位置からの変位量 $x(t)$ に比例する程度の**小さい振動**を取扱っているなどとするのである．

われわれの目的は，初期条件：
(37.2) 初期変位 $x(0) = x_0$, 初期速度 $x'(0) = v_0$
を与えて，(37.1) と (37.2) とを満足する解 $x(t)$ を求め，その物理的（力学的）解釈をしたいというのであるが，まず外力のない ($f(t)=0$ である) 場合*にあたる

$$(37.3) \qquad mx''+rx'+kx = 0 \quad (-\infty<t<+\infty)$$

の解 $x(t)$ が，どのような関数で与えられるかを調べることにする．この (37.3) のように，未知関数 x，その導関数 x' およびその導関数 x'' についての一次同次式を $=0$ とおいた形であることを強調する為に，(37.3) を**斉次線形な二階常微分方程式**ということがある**．外力のような項 $f(t)$ が入ってくる (37.1) は**非斉次線形二階常微分方程式**といい，$f(t)$ を**非斉次項**ということがある．

斉次線形微分方程式 (37.3) に関しては次の二つの定理が基本的に重要である．まず，

定理27 (i) $y(t), z(t)$ が (37.3) の解であるならば，任意の二つの定数 C_1, C_2 で作った**一次結合**

$$(37.4) \qquad x(t) = C_1 y(t) + C_2 z(t)$$

もまた (37.3) の解である．

(ii) (37.3) の二つの解 $y(t), z(t)$ は，もしその初期条件が一致して

$$(37.5) \qquad y(0) = z(0), \; y'(0) = z'(0)$$

であるならば，$y(t) \equiv z(t)$ すなわち y と z とは一致する．

証明 (i) は，関数の和の微分に関する公式で
$$m(C_1 y(t)+C_2 z(t))''+r(C_1 y(t)+C_2 z(t))'$$
$$+k(C_1 y(t)+C_2 z(t))$$
$$= C_1(my''(t)+ry'(t)+ky(t))$$

---

* 外力がある場合については次の §37$_2$ で述べる．
** 一つの独立変数 t だけが登場している微分方程式を常微分方程式，独立変数が二つ以上あるときは偏微分方程式という．

$$+C_2(mz''(t)+rz'(t)+kz(t))$$
$$=0+0=0$$
となることから明らかである.

(ii) $y(t)-z(t)=x(t)$ とおけば,上の (i) によって
$$mx''+rx'+kx=0$$
この両辺に x' を乗じて
$$mx'x''+kxx' = -r(x')^2$$
を得る.よって合成関数の微分公式 (15.2) により,$r>0$ を用い
$$\frac{d}{dt}\{mx'(t)^2+kx(t)^2\} = -2rx'(t)^2 \leq 0$$
が成り立つことがわかる.ゆえに定理 7' のなかの (ii) によって,t の関数 $\{mx'(t)^2+kx(t)^2\}$ は**単調非増加**である.ゆえに
$$\{mx'(0)^2+kx(0)^2\} \geq \{mx'(t)^2+kx(t)^2\} \quad (t \geq 0)$$
が成り立つ.また $m>0$ かつ $k>0$ であるから
$$\{mx'(t)^2+kx(t)^2\} \geq 0 \quad (すべての t で)$$
ところが,(37.5) と $x(t)=y(t)-z(t)$ とによって,$x'(0)=x(0)=0$. したがって $mx'(0)^2+kx(0)^2=0$ となり,上の二つの不等式と組合わせて
$$0 \geq \{mx'(t)^2+kx(t)^2\} \geq 0 \quad (t \geq 0 のとき)$$
ゆえに $m>0$ かつ $k>0$ から $0=x(t)=y(t)-z(t)$ すなわち $y(t)=z(t)$ ($t \geq 0$ のとき)*.

---

* $t<0$ のときにも $y(t)=z(t)$ であることは,別の一般的な方法で証明できるが,やや面倒でもあり,また時間 t を過去 ($t<0$) に

定理 28 λ と t に関する次の恒等式が成り立つ. すなわち

(37.6) $$\begin{cases} m(e^{\lambda t})''+r(e^{\lambda t})'+k(e^{\lambda t})=F(\lambda)e^{\lambda t}, \\ \text{ただし } F(\lambda)=m\lambda^2+r\lambda+k \end{cases}$$

証明 (25.5) によって得る
$$(e^{\lambda t})' = \lambda e^{\lambda t}, \quad (e^{\lambda t})'' = \lambda(e^{\lambda t})' = \lambda^2 e^{\lambda t}$$
を用いよ. ∎

系 $F(\lambda_0)=0$ すなわち $m\lambda_0^2+r\lambda_0+k=0$ ならば $e^{\lambda_0 t}$ は (37.3) の解になる.

註 上の系の意味で, λ の代数方程式

(37.7) $$m\lambda^2+r\lambda+k = 0$$

を微分方程式 (37.3) の**特性方程式** (characteristic equation) という.

以下には, この特性方程式の根の性質にしたがって (37.3) の解を調べる. 二次方程式であるから, (37.7) の根は一般に二つあって

(37.8) $$\begin{cases} \lambda_1 = -\dfrac{r}{2m}+\dfrac{\sqrt{r^2-4mk}}{2m} \\ \lambda_2 = -\dfrac{r}{2m}-\dfrac{\sqrt{r^2-4mk}}{2m} \end{cases}$$

で与えられる.

(37.3) の基本解系 上述から (37.3) は二つの解 $e^{\lambda_1 t}$ と $e^{\lambda_2 t}$ をもっていることがわかる. 一般に, (37.3) の二つの

さかのぼる必要もないので, ここでは省く. 興味ある読者は拙著『微分方程式の解法 (第 2 版)』(岩波), p. 56 を見られよ.

解 $x_1(t)$ と $x_2(t)$ が求められたときに,その初期条件
$$x_1(0),\ x_1'(0)\ \text{と}\ x_2(0),\ x_2'(0)$$
の間に
(37.9) $$x_1(0)x_2'(0)-x_2(0)x_1'(0) \neq 0$$
という関係があるときに,二つの解 $x_1(t)$ と $x_2(t)$ とは (37.3) の**基本解系** (fundamental system of solutions) を作ると呼ばれる*.それは次の重要な定理が成り立つからである.

定理 29 微分方程式 (37.3) の基本解系 $x_1(t)$ と $x_2(t)$ とが求められると,これらの一次結合 $C_1x_1(t)+C_2x_2(t)$ によって (37.3) のすべての解が求められる.

証明 (37.3) の任意の解 $x(t)$ をとる.これの初期条件が $x(0)=x_0,\ x'(0)=v_0$ とする.一次結合 $y(t)=C_1x_1(t)+C_2x_2(t)$ が $x(t)$ と同じ初期条件であるように定数 C_1, C_2 を決めることを考える.

(37.10) $$\begin{cases} y(0)=x_0\ \text{から}\ \ C_1x_1(0)+C_2x_2(0)=x_0 \\ y'(0)=v_0\ \text{から}\ \ C_1x_1'(0)+C_2x_2'(0)=v_0 \end{cases}$$

これが成り立つように C_1, C_2 を決めることができるか? 基本解系の仮定 (37.9) によって,それはできる.すなわち次の通り.

初めの式の両辺に $x_2'(0)$ を,またあとの式の両辺に $x_2(0)$ を乗じて

---

* $x_1(t)$ と $x_2(t)$ とが基本解系であれば,$2x_1(t)$ と $2x_2(t)$ とも基本解系である.さらに $x_2(t)$ と $x_1(t)$ とも基本解系であるように,基本解系は無数にある.

$$C_1 x_1(0) x_2'(0) + C_2 x_2(0) x_2'(0) = x_0 x_2'(0)$$
$$C_1 x_1'(0) x_2(0) + C_2 x_2'(0) x_2(0) = v_0 x_2(0)$$

この二つの式を辺々相減じて

$$C_1(x_1(0) x_2'(0) - x_1'(0) x_2(0)) = x_0 x_2'(0) - v_0 x_2(0)$$

同じようにして

$$C_2(x_1'(0) x_2(0) - x_2'(0) x_1(0)) = v_0 x_1(0) - x_0 x_1'(0)$$

も得られる. 基本解系の条件 (37.9) を用い

$$(37.10)' \quad \begin{cases} C_1 = \dfrac{x_0 x_2'(0) - v_0 x_2(0)}{x_1(0) x_2'(0) - x_1'(0) x_2(0)} \\ C_2 = \dfrac{v_0 x_1(0) - x_0 x_1'(0)}{x_1(0) x_2'(0) - x_1'(0) x_2(0)} \end{cases}$$

こうして, C_1, C_2 が求められた. ■

註 (37.3) のすべての解 $x(t)$ が, その初期条件 (37.2) を与えられたとき, (37.10)' と

$$(37.11) \quad x(t) = C_1 x_1(t) + C_2 x_2(t)$$

とによって具体的に求められた. 求めた解の一意性は定理 27 の (ii) によって確定している.

以上で準備がととのったので, 特性方程式 (37.7) の根の分類に従って (37.3) の基本解系を求めることにしよう:

i) $r^2 > 4mk$; ii) $r^2 = 4mk$; iii) $r^2 < 4mk$.

このi) の場合には, (37.8) の示すように二根 λ_1 と λ_2 とは相異なる実数である. ii) の場合には負の根 λ_1 は重根である. iii) の場合には, 二根 λ_1 と λ_2 とは相異なる複素数である.

i) **$r^2 > 4mk$ の場合** $x_1(t) = e^{\lambda_1 t}, x_2(t) = e^{\lambda_2 t}$ ととって

$$x_1(0) = 1, \quad x_1'(0) = \lambda_1, \quad x_2(0) = 1, \quad x_2'(0) = \lambda_2$$

であるから

$$x_1(0)x_2'(0) - x_2(0)x_1'(0) = \lambda_2 - \lambda_1$$

となって二根 λ_1 と λ_2 とが異なるから，(37.9) が満足されている．ゆえに $x_1(t), x_2(t)$ は基本解系を作り，初期条件 (37.2) に応ずる (37.3) の解 $x(t)$ は，(37.10)′―(37.11) によって (37.8) と組合わせて次のように与えられる：

$$(37.12) \quad x(t) = \frac{x_0\lambda_2 - v_0}{\lambda_2 - \lambda_1}e^{\lambda_1 t} + \frac{v_0 - x_0\lambda_1}{\lambda_2 - \lambda_1}e^{\lambda_2 t}$$

このとき，λ_1 も λ_2 も <0 であるから，<u>初期条件のとり方にかかわらず</u>

$$(37.13) \quad \lim_{t \to +\infty} x(t) = 0$$

すなわち，<u>すべての解 $x(t)$ は $t \to +\infty$ のとき 0 に減衰する</u>．

ii) **$r^2 = 4mk$ の場合** $\lambda_1 = -\dfrac{r}{2m}$ が特性方程式 $F(\lambda) = 0$ の二重根であるから，$F(\lambda) = m(\lambda - \lambda_1)^2$ となって

$$(37.14) \quad F(\lambda_1) = 0, \quad F'(\lambda_1) = 0$$

となる．このときは，微分方程式 (37.3) は解 $x_1(t) = e^{\lambda_1 t}$ の他に解 $x_2(t) = te^{\lambda_1 t}$ をもつ．実際，恒等式 (37.6) の両辺を λ に関して1回微分して (25.5) を用い $\dfrac{de^{\lambda t}}{d\lambda} = te^{\lambda t}$ となるので

$$m(te^{\lambda t})'' + r(te^{\lambda t})' + k(te^{\lambda t})$$
$$= te^{\lambda t}F(\lambda) + e^{\lambda t}F'(\lambda)$$

ここで $\lambda=\lambda_1$ とおいて (37.14) から
$$mx_2''(t)+rx_2'(t)+kx_2(t) = 0$$
が得られるからである. $x_1(t)=e^{\lambda_1 t}, x_2(t)=te^{\lambda_1 t}$ であるので

$$x_1(0) = 1, \ x_1'(0) = \lambda_1, \ x_2(0) = 0, \ x_2'(0) = 1$$

となって, $x_1(0)x_2'(0)-x_2(0)x_1'(0)=1$ であるから, $x_1(t)=e^{\lambda_1 t}$ と $x_2(t)=te^{\lambda_1 t}$ は基本解系を作る. ゆえに初期条件 (37.2) に応ずる (37.3) の解 $x(t)$ は, (37.10)′ と (37.11) と $\lambda_1 = -\dfrac{r}{2m}$ とによって次のように与えられる.

$$(37.15) \quad x(t) = x_0 \exp\left(-\frac{r}{2m}t\right) \\ + \left(v_0 + x_0 \frac{r}{2m}\right) t \exp\left(-\frac{r}{2m}t\right)$$

(30.1) に示したように $\lim_{t\to+\infty} te^{-t}=0$ であるから, ii) の場合にも, 初期条件がどうあろうとも $\lim_{t\to+\infty} x(t)=0$ である. すなわち, ii) の場合にはすべての解 $x(t)$ が $t\to+\infty$ において 0 に減衰する.

iii) **$r^2<4mk$ の場合** このときは
$$(37.16) \qquad r^2-4mk = -4m^2\nu^2 \quad (\nu>0)$$
とおくと, 特性方程式 (37.7) の相異なる二根は複素数となり

$$(37.17) \quad \lambda_1 = -\frac{r}{2m}+i\nu, \ \lambda_2 = -\frac{r}{2m}-i\nu \quad (i=\sqrt{-1})$$

で与えられる. ゆえに指数関数の加法定理 (25.1) とオイラー公式 (36.11) とから示唆されて,

$$e^{\lambda_1 t} = e^{-\frac{r}{2m}t}e^{i\nu t} = e^{-\frac{r}{2m}t}(\cos \nu t + i \sin \nu t)$$
$$e^{\lambda_2 t} = e^{-\frac{r}{2m}t}e^{-i\nu t} = e^{-\frac{r}{2m}t}(\cos \nu t - i \sin \nu t)$$

が (37.3) の解に関係がありそうである.

実際に,上の $e^{\lambda_1 t}$ の実数部分,虚数部分をとって
(37.18) $\quad x_1(t) = e^{-\frac{r}{2m}t}\cos \nu t, \quad x_2(t) = e^{-\frac{r}{2m}t}\sin \nu t$
が双方とも,iii) の場合の (37.3) の解になっていることが確かめられる.<u>その確かめ</u>は次の通り.$y = e^{\alpha t}\cos \beta t$ について,

$$y'(t) = \alpha e^{\alpha t}\cos \beta t - e^{\alpha t}\beta \sin \beta t$$
$$y''(t) = \alpha^2 e^{\alpha t}\cos \beta t - 2\alpha\beta e^{\alpha t}\sin \beta t - \beta^2 e^{\alpha t}\cos \beta t$$

となるから,

$$my'' + ry' + ky$$
$$= e^{\alpha t}\cos \beta t (m\alpha^2 - m\beta^2 + r\alpha + k)$$
$$\quad + e^{\alpha t}\sin \beta t (-2m\alpha\beta - r\beta)$$

ここで,

$$\alpha = \frac{-r}{2m}, \quad \beta = \nu = \sqrt{\frac{4mk-r^2}{4m^2}} = \frac{\sqrt{4mk-r^2}}{2m}$$

とすると

$$m(\alpha^2 - \beta^2) = m\frac{r^2 - 4mk + r^2}{4m^2} = \frac{r^2 - 2mk}{2m},$$

$$r\alpha = \frac{-r^2}{2m},$$

$$-2m\alpha\beta - r\beta = -2m\left(\frac{-r}{2m}\right)\beta - r\beta = 0$$

§37: 振動の微分方程式1 (外力のない場合)

となるから，結局
$$mx_1''(t)+rx_1'(t)+kx_1(t)=0$$
同じく $mx_2''(t)+rx_2'(t)+kx_2(t)=0$ もいえる．

$x_1(t)=e^{\frac{-r}{2m}t}\cos\nu t$ と $x_2(t)=e^{\frac{-r}{2m}t}\sin\nu t$ が基本解系を作ることは

$$x_1(0)=1,\ x_1'(0)=\frac{-r}{2m},\ x_2(0)=0,\ x_2'(0)=\nu$$

から $x_1(0)x_2'(0)-x_2(0)x_1'(0)=\nu>0$ を得ることによってわかる．

このようにして (37.10)′ と (37.11) とによって，iii) の場合の (37.2)—(37.3) の解 $x(t)$ が次のように与えられる．

(37.19) $$x(t)=x_0 e^{\frac{-r}{2m}t}\cos\nu t + \left(v_0+\frac{rx_0}{2m}\right)\nu^{-1}e^{\frac{-r}{2m}t}\sin\nu t$$

ただし

(37.20) $$\nu=\frac{\sqrt{4mk-r^2}}{2m}$$

註1 上の解 (37.19) では，$\frac{2\pi}{\nu}$ を周期とする関数

(37.19)′ $$x_0\cos\nu t+\frac{2mv_0+rx_0}{2m\nu}\sin\nu t$$

の**振幅** (amplitude) を時間 t の経過とともに**減幅** (damp) する減幅因子 $e^{-\frac{r}{m}t}$ が，(37.19)′ に乗ぜられているのである．減幅の模様は次ページの図を見られたい．

註2 上の確かめの初めの部分の計算を利用して次の結

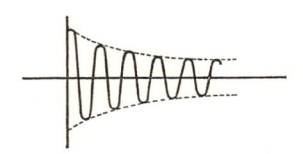

果が得られる.

すなわち，α, β を実数で $\alpha^2+\beta^2 \neq 0$ とすると

(37.21)
$$\begin{cases} \int e^{\alpha t}\cos\beta t\, dt = \dfrac{e^{\alpha t}(\beta\sin\beta t+\alpha\cos\beta t)}{\alpha^2+\beta^2} \\ \int e^{\alpha t}\sin\beta t\, dt = \dfrac{e^{\alpha t}(\alpha\sin\beta t-\beta\cos\beta t)}{\alpha^2+\beta^2} \end{cases}$$

証明 $y(t)=e^{\alpha t}\cos\beta t,\ z(t)=e^{\alpha t}\sin\beta t$ を微分して
$$y' = \alpha e^{\alpha t}\cos\beta t - e^{\alpha t}\beta\sin\beta t = \alpha y - \beta z,$$
$$z' = \alpha e^{\alpha t}\sin\beta t + e^{\alpha t}\beta\cos\beta t = \alpha z + \beta y$$

これから，
$$\beta z'+\alpha y' = \beta\alpha z+\beta^2 y+\alpha^2 y-\alpha\beta z = (\alpha^2+\beta^2)y,$$
$$\alpha z'-\beta y' = \alpha^2 z+\alpha\beta y-\beta\alpha y+\beta^2 z = (\alpha^2+\beta^2)z$$

ゆえに両辺の原始関数を等しいとおいて

$$e^{\alpha t}\beta\sin\beta t+e^{\alpha t}\alpha\cos\beta t = (\alpha^2+\beta^2)\int e^{\alpha t}\cos\beta t\, dt,$$

$$e^{\alpha t}\alpha\sin\beta t-e^{\alpha t}\beta\cos\beta t = (\alpha^2+\beta^2)\int e^{\alpha t}\sin\beta t\, dt$$

が得られた. ∎

§37₂ 振動の微分方程式2（外力のある場合）

外力のある場合の，非斉次線形な二階常微分方程式
(37.22) $$my'' = -ry' - ky + f(t)$$
について，次の定理が成り立つ．

定理 30 (37.22) の解 $y_1(t)$ が一つ求められたならば，(37.22) の任意の解 $y(t)$ は
(37.23) $$y(t) = y_1(t) + x(t)$$
の形に表わされる．ここに $x(t)$ は斉次微分方程式
(37.24) $$mx'' = -rx' - kx$$
の解である*．

証明 $y(t) - y_1(t) = z(t)$ とおくと
$$\begin{aligned} mz'' &= (my'' - my_1'') \\ &= -r(y' - y_1') - k(y - y_1) + (f(t) - f(t)) \\ &= -rz' - kz \end{aligned}$$
となるからである． ∎

註 何かの方法で (37.22) の解 $y_1(t)$ を一つ見出すことができたら，これに前節の方法で (37.24) の解 $x(t)$ を求めて，$y_1(t)$ に加えれば (37.22) の一般的な解
$$y(t) = y_1(t) + x(t)$$
が得られるというわけである．

この $y_1(t)$ を見出す一つの方法として**定数変化法**というものがある．これを述べる為に次の定理を準備する．

---

* これによって，(37.22) の（初期条件を与えての）解の一意性は，(37.24) の（初期値を与えての）解の一意性に帰着されるのである．(37.24) の解の一意性は定理 27 に証明した．

定理 31 斉次微分方程式 (37.24) の基本解系 $x_1(t)$, $x_2(t)$ に対して

(37.25) $\quad x_1(t)x_2'(t) - x_2(t)x_1'(t) = W(t)$

を作ると，$W(t)$ はどんな t に対しても 0 にならない．

証明 $W(t)$ を微分して，$x_1(t), x_2(t)$ が (37.24) の解であることを用い

$$\begin{aligned}
W'(t) &= x_1'(t)x_2'(t) + x_1(t)x_2''(t) - x_2'(t)x_1'(t) \\
&\quad - x_2(t)x_1''(t) \\
&= x_1(t)x_2''(t) - x_2(t)x_1''(t) \\
&= x_1(t)m^{-1}(-rx_2'(t) - kx_2(t)) \\
&\quad - x_2(t)m^{-1}(-rx_1'(t) - kx_1(t)) \\
&= -rm^{-1}x_1(t)x_2'(t) + m^{-1}rx_2(t)x_1'(t) \\
&= -rm^{-1}W(t)
\end{aligned}$$

すなわち $W'(t) = -rm^{-1}W(t)$．ゆえに §28 に示したようにして

$$W(t) = Ce^{-\frac{r}{m}t} \quad (C\text{ は定数})$$

を得るが，これから $W(0) = C$ となるので

(37.26) $\quad W(t) = (x_1(0)x_2'(0) - x_2(0)x_1'(0))e^{-\frac{r}{m}t}$

となるが，右辺の括弧内は 0 にならない．$x_1(t)$ と $x_2(t)$ とが (37.24) の基本解系であるからである．その上，§25 に示したように指数関数は正の値のみをとるから $W(t)$ $\neq 0$． ∎

定数変化法*による (37.22) の解の求め方 斉次微分方

---

* §28 の定理 22 において述べた定数変化法と同じ考えにもとづく方法．

§37₂ 振動の微分方程式2（外力のある場合）

程式 (37.24) の基本解系 $x_1(t), x_2(t)$ の一次結合
$$C_1 x_1(t) + C_2 x_2(t)$$
を作り，この係数である定数 C_1, C_2 を t の関数で導関数 $C_1'(t), C_2'(t)$ が次の条件を満足するものとする．すなわち

(37.27) $\begin{cases} C_1'(t) x_1(t) + C_2'(t) x_2(t) = 0, \\ C_1'(t) x_1'(t) + C_2'(t) x_2'(t) = \dfrac{1}{m} f(t) \end{cases}$

$W(t) = x_1(t) x_2'(t) - x_2(t) x_1'(t) \neq 0$ であるから，(37.10) から (37.10)′ を求めたと同じような計算で，(37.27) を $C_1'(t), C_2'(t)$ について解ける：

(37.27)′ $\begin{cases} C_1'(t) = \dfrac{-m^{-1} f(t) x_2(t)}{x_1(t) x_2'(t) - x_2(t) x_1'(t)}, \\ C_2'(t) = \dfrac{m^{-1} f(t) x_1(t)}{x_1(t) x_2'(t) - x_2(t) x_1'(t)} \end{cases}$

この $C_1'(t), C_2'(t)$ の原始関数 $C_1(t), C_2(t)$ を係数として

(37.28) $\quad y(t) = C_1(t) x_1(t) + C_2(t) x_2(t)$

を作ると，これは (37.22) の解になる．

その証明 (37.27) を用い

(37.29) $\begin{cases} y(t) = C_1(t) x_1(t) + C_2(t) x_2(t), \\ y'(t) = C_1(t) x_1'(t) + C_2(t) x_2'(t), \\ y''(t) = C_1(t) x_1''(t) + C_2(t) x_2''(t) + \dfrac{1}{m} f(t) \end{cases}$

が得られる．

$$C_1' x_1 + C_2' x_2 = 0, \quad C_1' x_1' + C_2' x_2' = \frac{1}{m} f$$

であるからである．そして x_1, x_2 が (37.24) の解であるから，(37.29) により

$$my'' + ry' + ky = \frac{m}{m}f = f$$

を得て，y は (37.22) の解になる．

公式 (37.27)′―(37.28) の応用

$$m = 1, \quad r = 0, \quad k = \nu^2 \quad (\nu > 0),$$
$$f(t) = \rho\cos(\omega t + \alpha) \quad (\rho > 0, \alpha \gtreqless 0)$$

である非斉次微分方程式

(37.22)′ $\qquad y'' = -\nu^2 y + \rho\cos(\omega t + \alpha)$

の場合は，斉次方程式が

(37.24)′ $\qquad\qquad x'' = -\nu^2 x$

となって基本解系

$$x_1(t) = \cos\nu t, \quad x_2(t) = \sin\nu t$$

をもつ．このときは，容易にわかるように

$$x_1(t)x_2'(t) - x_2(t)x_1'(t) = \nu$$

となるから，(37.27)′ は

$$C_1'(t) = \frac{-\rho}{\nu}\{\cos(\omega t + \alpha)\cdot\sin\nu t\},$$

$$C_2'(t) = \frac{\rho}{\nu}\{\cos(\omega t + \alpha)\cdot\cos\nu t\}$$

となる．ところが §34 の最後にあげた公式

$$\cos\theta\cdot\sin\varphi = \frac{1}{2}\{\sin(\theta+\varphi) - \sin(\theta-\varphi)\},$$

$$\cos\theta\cdot\cos\varphi = \frac{1}{2}\{\cos(\theta+\varphi) + \cos(\theta-\varphi)\}$$

があるから,これを用いて

$$C_1'(t) = -\frac{\rho}{2\nu}\{\sin((\omega+\nu)t+\alpha)-\sin((\omega-\nu)t+\alpha)\},$$

$$C_2'(t) = \frac{\rho}{2\nu}\{\cos((\omega+\nu)t+\alpha)+\cos((\omega-\nu)t+\alpha)\}$$

ゆえにこの原始関数として,$C_1(t)$ および $C_2(t)$ を求めて,$C_1(t)x_1(t)+C_2(t)x_2(t)$ を作ると,(37.22)' の解が得られた.

$$y(t) = \frac{-\rho}{2\nu}\left\{\frac{-\cos((\omega+\nu)t+\alpha)}{\omega+\nu}+\frac{\cos((\omega-\nu)t+\alpha)}{\omega-\nu}\right\}\cos\nu t$$

$$+ \frac{\rho}{2\nu}\left\{\frac{\sin((\omega+\nu)t+\alpha)}{\omega+\nu}+\frac{\sin((\omega-\nu)t+\alpha)}{\omega-\nu}\right\}\sin\nu t$$

この $y(t)$ の右辺には,$(\omega-\nu)$ が小さくなると大きくなる項 $\dfrac{-\rho}{2\nu}\dfrac{\cos((\omega-\nu)t+\alpha)}{\omega-\nu}\cos\nu t$ とか,$\dfrac{\rho}{2\nu}\dfrac{\sin((\omega-\nu)t+\alpha)}{\omega-\nu}\cdot\sin\nu t$ がある.これが,いわゆる外力 $\rho\cos(\omega t+\alpha)$ による**強制振動**や**共振**の数学的説明になっているのである.

註 回路を流れる電流の微分方程式は次の形である.
(37.30) $\quad LI''(t)+RI'(t)+CI(t) = E(t)$
ここに,$I(t)$ は回路を流れる**電流**の時刻 t における強さ,L は**自己誘導**,R は**抵抗**,C は**容量**,$E(t)$ は**起電力**である.

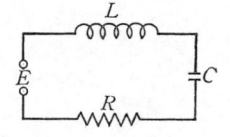

この方程式 (37.30) は，L を m に，R を r に，C を k に，$E(t)$ を $f(t)$ に読み換えれば**振動の方程式** (37.22) と全く同じ形になる．ゆえにわれわれは，**電流の方程式** (37.30) を完全に解くことができるわけである．

練習問題

次の初期値を与えた微分方程式を解け．

(1) $x' - x = (2t-1)e^{t^2},\ x(0) = 2$

(2) $\begin{cases} x'' + x = \sin 3t \\ x(0) = 0,\ x'(0) = 1 \end{cases}$

(3) $\begin{cases} x'' + 4x' = e^{2t} \\ x(0) = 1,\ x'(0) = \dfrac{1}{4} \end{cases}$

(上記のうち (1) は §28 における定数変化法で，(2) と (3) は II₅ における定数変化法で解け)

II₆ 数値計算

§38 ウォリスの公式 $\dfrac{\pi}{2} = \prod\limits_{n=1}^{\infty} \dfrac{2n \cdot 2n}{(2n-1) \cdot (2n+1)}$ とスターリングの公式 $n! \sim \sqrt{2\pi}\, n^{n+\frac{1}{2}} e^{-n}$

ウォリス[*]の公式の証明 $n>1$ のとき，部分積分で，$\cos^2 x = 1 - \sin^2 x$ を用い

$$S_n = \int_0^{\frac{\pi}{2}} \sin^n x\, dx = -\sin^{n-1} x \cdot \cos x \Big|_0^{\frac{\pi}{2}}$$
$$+ (n-1) \int_0^{\frac{\pi}{2}} \sin^{n-2} x \cdot \cos^2 x\, dx$$
$$= (n-1) \int_0^{\frac{\pi}{2}} \sin^{n-2} x\, dx - (n-1) \int_0^{\frac{\pi}{2}} \sin^n x\, dx$$

ゆえに

$$S_n = \frac{n-1}{n} S_{n-2} \quad (n \geq 2), \quad \text{また } S_0 = \frac{\pi}{2},\ S_1 = 1^{**}$$

よって

(38.1) $$S_{2n} = \frac{2n-1}{2n} \cdot \frac{2n-3}{2n-2} \cdots \frac{1}{2} \cdot \frac{\pi}{2},$$

(38.2) $$S_{2n+1} = \frac{2n}{2n+1} \cdot \frac{2n-2}{2n-1} \cdots \frac{2}{3}$$

---

[*] John Wallis, 1616–1703.

[**] $S_1 = \int_0^{\frac{\pi}{2}} \sin x\, dx = -\cos x \Big|_0^{\frac{\pi}{2}} = 1$.

割り算をして

(38.3) $\quad \dfrac{\pi}{2} = \dfrac{2\cdot 2}{1\cdot 3}\cdot\dfrac{4\cdot 4}{3\cdot 5}\cdot\dfrac{6\cdot 6}{5\cdot 7}\cdots\dfrac{2n\cdot 2n}{(2n-1)\cdot(2n+1)}\cdot\dfrac{S_{2n}}{S_{2n+1}}$

ところで，$0<x<\dfrac{\pi}{2}$ では $0<\sin^{2n+1}x \leq \sin^{2n}x \leq \sin^{2n-1}x$ であるから (20.8) により

$$0 < S_{2n+1} \leq S_{2n} \leq S_{2n-1}$$

この各辺を S_{2n+1} で割って (38.2) を用い

$$1 \leq \dfrac{S_{2n}}{S_{2n+1}} \leq \dfrac{S_{2n-1}}{S_{2n+1}} = \dfrac{2n+1}{2n}$$

ゆえに

(38.4) $\quad\displaystyle\lim_{n\to\infty}\dfrac{S_{2n}}{S_{2n+1}} = 1$

が得られて，(38.3) により

(38.5) $\quad \dfrac{\pi}{2} = \displaystyle\lim_{n\to\infty}\dfrac{2\cdot 2}{1\cdot 3}\cdot\dfrac{4\cdot 4}{3\cdot 5}\cdot\dfrac{6\cdot 6}{5\cdot 7}\cdots\dfrac{2n\cdot 2n}{(2n-1)\cdot(2n+1)}$

がいえた．

系として

(38.6) $\quad \sqrt{\pi} = \displaystyle\lim_{n\to\infty}\dfrac{(n!)^2 2^{2n}}{(2n)!\sqrt{n}}$

証明 $\displaystyle\lim_{n\to\infty}\dfrac{2n}{2n+1}=1$ であるから，(38.5) により

$$\dfrac{\pi}{2} = \lim_{n\to\infty}\dfrac{2^2\cdot 4^2\cdots(2n-2)^2}{3^2\cdot 5^2\cdots(2n-1)^2}\cdot 2n$$

ゆえに

$$\sqrt{\dfrac{\pi}{2}} = \lim_{n\to\infty}\dfrac{2\cdot 4\cdots(2n-2)}{3\cdot 5\cdots(2n-1)}\cdot\sqrt{2n}$$

$$= \lim_{n\to\infty} \frac{2^2 \cdot 4^2 \cdots (2n-2)^2}{(2n-1)!} \cdot \sqrt{2n}$$

$$= \lim_{n\to\infty} \frac{2^2 \cdot 4^2 \cdots (2n)^2}{(2n)!} \cdot \frac{\sqrt{2n}}{2n}$$

これは (38.6) に他ならない. ∎

註 ウォリスによる公式 (38.5) の導き方は，上のようなものではなく，相当に粗っぽいものであったと数学史は伝えているが，まことに驚嘆すべき結果を得た人という他はない．これを利用して，§30 にやり残した**スターリングの公式 (30.6) の証明**を与えよう*.

まず (30.5) を書いておく．

(30.5) $\quad en^n e^{-n} < n! < n^{n+1}\left(1+\dfrac{1}{n}\right)^{n+1} e^{-n}$

これと (27.1) とから示唆されて

(38.7) $\quad a_n = \dfrac{n!}{n^{n+\frac{1}{2}} e^{-n}} \quad (n=1,2,\cdots)$

とおいて

(38.8) $\qquad\qquad$ 有限な $\lim_{n\to+\infty} a_n = \alpha > 0$

が存在することを示そう．そのために

(38.9) $\quad \dfrac{a_n}{a_{n+1}} = \dfrac{1}{e}\left(1+\dfrac{1}{n}\right)^{n+\frac{1}{2}}$

の対数をとって

---

* R. Courant: Vorlesungen über Differential- und Integralrechnung, Dritte Auflage, I, Springer-Verlag, p. 318-319 による.

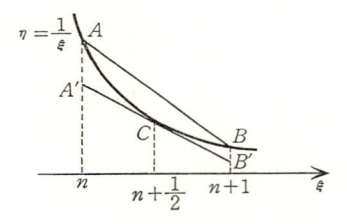

(38.9)′ $\quad \log \dfrac{a_n}{a_{n+1}} = \left(n+\dfrac{1}{2}\right)\log\left(1+\dfrac{1}{n}\right)-1$

この右辺の大きさを評価する為に，上図のように曲線 $\eta=\dfrac{1}{\xi}$ を考える．$\dfrac{d^2\eta}{d\xi^2}=\dfrac{2}{\xi^3}$ であるから，この曲線は下に凸である．ゆえに点 $A\left(n,\dfrac{1}{n}\right)$ と点 $B=\left(n+1,\dfrac{1}{n+1}\right)$ を結ぶグラフの部分と，縦線 nA，縦線 $(n+1)B$ と ξ 軸とで囲まれた縦線図形の面積は

$$\int_n^{n+1}\dfrac{1}{\xi}d\xi = \log(n+1)-\log n = \log\left(1+\dfrac{1}{n}\right)$$

次に，点 $C=\left(n+\dfrac{1}{2},\dfrac{1}{n+\dfrac{1}{2}}\right)$ を通るグラフの接線と縦線 nA'，縦線 $(n+1)B'$ および ξ 軸とで囲まれた台形の面積は

$$\dfrac{1}{n+\dfrac{1}{2}}\times(n+1-n) = \dfrac{1}{n+\dfrac{1}{2}}$$

さらに，点 $A\left(n,\dfrac{1}{n}\right)$ と点 $B=\left(n+1,\dfrac{1}{n+1}\right)$ を結ぶ線分 AB と縦線 nA，縦線 $(n+1)B$ および ξ 軸とで囲まれた台

形の面積は

$$\frac{1}{2}\left(\frac{1}{n}+\frac{1}{n+1}\right)\times(n+1-n) = \frac{1}{2}\left(\frac{1}{n}+\frac{1}{n+1}\right)$$

である．これら三つの面積の間には図からわかるように次の関係がある．

(38.10) $\quad \dfrac{1}{n+\dfrac{1}{2}} < \log\left(1+\dfrac{1}{n}\right) < \dfrac{1}{2}\left(\dfrac{1}{n}+\dfrac{1}{n+1}\right)$

ゆえに

$$0 < \log\left(1+\frac{1}{n}\right)-\frac{1}{n+\dfrac{1}{2}} < \frac{1}{2}\left(\frac{1}{n}+\frac{1}{n+1}\right)-\frac{1}{n+\dfrac{1}{2}}$$

よって

$$0 < \left(n+\frac{1}{2}\right)\log\left(1+\frac{1}{n}\right)-1 < \frac{n+\dfrac{1}{2}}{2}\left(\frac{1}{n}+\frac{1}{n+1}\right)-1$$

これを (38.9)′ と組合わせて

$$0 < \log\frac{a_n}{a_{n+1}} < \frac{1}{4}\left(\frac{1}{n}-\frac{1}{n+1}\right)$$

すなわち

(38.11) $\quad\quad\quad 1 < \dfrac{a_n}{a_{n+1}} < e^{\frac{1}{4}\left(\frac{1}{n}-\frac{1}{n+1}\right)}$

が得られた．

$$\frac{n+\frac{1}{2}}{2}\left(\frac{1}{n}+\frac{1}{n+1}\right)-1 = \frac{(2n+1)^2-4n(n+1)}{4n(n+1)}$$
$$= \frac{4n^2+4n+1-4n^2-4n}{4n(n+1)} = \frac{1}{4n(n+1)}$$

であるからである．(38.11) から

(38.11)′ $\quad 1 < \dfrac{a_n}{a_{n+k}} < e^{\frac{1}{4}\left(\frac{1}{n}-\frac{1}{n+k}\right)} < e^{\frac{1}{4n}} \quad (k\geq 1)$

が得られた．

ところで，(38.11) から正数列 $a_1, a_2, \cdots, a_n, \cdots$ は減少列すなわち $a_1 > a_2 > a_3 > \cdots$ であり，かつ (38.11)′ において $k \to +\infty$ としてわかるように $\lim\limits_{k\to\infty} a_{n+k} \neq 0$ である．よって (38.8) が証明された．

ここでウォリスの公式 (38.6)

$$\sqrt{\pi} = \lim_{n\to\infty} \frac{(n!)^2 2^{2n}}{(2n)!\sqrt{n}}$$

の中の $n!$ と $(2n)!$ とに，(38.7) により，それぞれ

$$n! = a_n n^{n+\frac{1}{2}} e^{-n},$$
$$(2n)! = a_{2n} 2^{2n+\frac{1}{2}} n^{2n+\frac{1}{2}} e^{-2n}$$

を代入して (38.8) を用い

$$\sqrt{\pi} = \lim_{n\to\infty} \frac{a_n{}^2}{a_{2n}\sqrt{2}} = \frac{\alpha^2}{\alpha\sqrt{2}} = \frac{\alpha}{\sqrt{2}}$$

を得て $\alpha = \sqrt{2\pi}$ がわかった．ゆえに (38.7) により**スターリングの公式**が証明された：

(30.6) $$\lim_{n\to+\infty}\frac{n!}{\sqrt{2\pi n}\cdot n^n\cdot e^{-n}}=1$$

ウォリスの公式のさきの導き方の大事な応用として，$\int_{-\infty}^{\infty}e^{-x^2}dx=\sqrt{\pi}$ の証明をしてみよう．$\int_0^1(1-t^2)^n dt$ において置換 $t=\cos x$ を行なうと

$$\int_0^1(1-t^2)^n dt = -\int_{\frac{\pi}{2}}^0 \sin^{2n}x\cdot\sin x\,dx$$

となるから (20.2) より

(38.12) $$\int_0^1(1-t^2)^n dt = \int_0^{\frac{\pi}{2}}\sin^{2n+1}x\,dx = S_{2n+1}$$

同じく $\int_0^\infty \frac{1}{(1+t^2)^n}dt$ において置換積分 $t=\frac{\cos x}{\sin x}$ を行なうと

$$\int_0^\infty \frac{1}{(1+t^2)^n}dt = \int_{\frac{\pi}{2}}^0 \sin^{2n}x\cdot\frac{-\sin^2 x-\cos^2 x}{\sin^2 x}dx$$

$$= \int_0^{\frac{\pi}{2}}\sin^{2n-2}x\,dx = S_{2n-2}$$

となるから

(38.13) $$\int_0^\infty \frac{1}{(1+t^2)^n}dt = S_{2n-2}$$

ところで $\underline{t\geqq 0}$ ならば

(38.14) $$1-t^2 \leqq e^{-t^2} \leqq \frac{1}{1+t^2}$$

である．$e^{-t^2}-(1-t^2)$ は $t=0$ で 0 となり，かつ導関数 $-2te^{-t^2}+2t=2t(1-e^{-t^2})$ が $\geqq 0$ であることから，定理 $7'$

(§9) によって,始めの不等式が成り立つ.また (38.14) のあとの不等式は,指数関数のテイラー展開 (§27) から $e^{x^2}>1+x^2$ が成り立つことからわかる.

ゆえに (38.14) と (20.8) とによって,

$$A = \int_0^\infty e^{-t^2}dt = \sqrt{n}\int_0^\infty e^{-ns^2}ds \text{ *}$$

に対して

$$\sqrt{n}\int_0^1 (1-s^2)^n ds < A < \sqrt{n}\int_0^\infty \frac{1}{(1+s^2)^n}ds$$

よって (38.12) と (38.13) を用い

(38.15) $\qquad \sqrt{n}S_{2n+1} < A < \sqrt{n}S_{2n-2}$

が得られた.

ところが,(38.1) と (38.2) とから

$$S_{2n}S_{2n+1} = \frac{\pi}{4n+2}$$

したがって

(38.16) $\qquad S_{2n+1}\sqrt{\dfrac{S_{2n}}{S_{2n+1}}} = \sqrt{\dfrac{\pi}{4n+2}}$

が成り立つ.これから (38.4) と (38.15) とによって

(38.17) $\qquad A = \int_0^\infty e^{-t^2}dt = \dfrac{\sqrt{\pi}}{2}$

その証明 (38.15) の各項に $\sqrt{\dfrac{S_{2n}}{S_{2n+1}}}$ を掛けて (38.16)

---

* 置換 $t=\sqrt{n}s$ によって得られる.

を用い

$$\sqrt{n}\cdot\sqrt{\frac{\pi}{4n+2}} < \sqrt{\frac{S_{2n}}{S_{2n+1}}}A < \sqrt{n}\cdot\sqrt{\frac{\pi}{4n+2}}\cdot\frac{S_{2n-2}}{S_{2n+1}}$$

ここで (38.4) を用い (38.17) が得られる. ∎

註 確率論の研究において重要な役割りを演ずる上の公式 (38.17) は,二重積分の理論に基づけば容易に導かれる[*]. しかし独立変数が一つの積分論では,上の導き方が古くから知られていたのである.

§39 逆正弦関数,逆正接関数. πの値の計算

まず**正接関数 $\tan\theta = \dfrac{\sin\theta}{\cos\theta}$** の導関数を求めておこう. $\cos\theta \neq 0$ であるような θ において

$$(39.1) \qquad \frac{d\tan\theta}{d\theta} = 1+\tan^2\theta$$

証明 商 $\dfrac{\sin\theta}{\cos\theta}$ の導関数であるから

$$\frac{d\tan\theta}{d\theta} = \frac{(\sin\theta)'\cos\theta - (\cos\theta)'\sin\theta}{\cos^2\theta} = \frac{\cos^2\theta}{\cos^2\theta} + \frac{\sin^2\theta}{\cos^2\theta}$$

$$= 1+\frac{\sin^2\theta}{\cos^2\theta} = 1+\tan^2\theta \qquad ∎$$

応用例1 気球が地点 B から出発して上昇している. B から 100 m 離れた地点 A に観測者がいて,気球の視角 θ が $\dfrac{1}{25}$ ラジアン/秒の割合で増加していることを観測した.

---

[*] たとえば高木貞治『解析概論 (改訂第3版)』,岩波, p.344 をみよ.

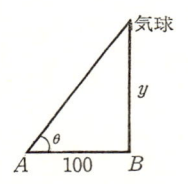

$\theta = \pi/3$ のときに，気球の上昇速度はどの位か．

解 $y = 100 \cdot \tan \theta$. 合成関数の微分公式で

$$\frac{dy}{dt} = 100 \frac{d \tan \theta}{d\theta} \frac{d\theta}{dt} = 100(1+\tan^2 \theta) \cdot \frac{1}{25}$$

を得るから，$\theta = \dfrac{\pi}{3} = 60°$ で $\tan \dfrac{\pi}{3} = \sqrt{3}$ なることを用い $\dfrac{dy}{dt} = 4 \cdot 4 = 16 \,\mathrm{m}/秒$.

逆正弦関数 $y = \sin x$ を考えると，y の各値には無限に多くの x の値が対応することは，$\sin x$ の周期性から明らかであるので，逆関数を定義することはできない．けれども変数 x を特別な区間に制限すれば逆関数を定義することができる．すなわち

定理 32 関数 $y = \sin x$ の変数 x は閉区間 $\left[-\dfrac{\pi}{2}, \dfrac{\pi}{2}\right]$ の上だけを動かすことにすると，逆関数は存在し，それを $x = g(y)$ と書くと，g は $-1 < y < 1$ で微分可能で $g'(y) = \dfrac{1}{\sqrt{1-y^2}}$ が成り立つ．この $g(y)$ を $\arcsin y$ と書いて**逆正弦関数**と呼ぶ．すなわち

(39.2) $\qquad \dfrac{d(\arcsin y)}{dy} = \dfrac{1}{\sqrt{1-y^2}} \quad (-1 < y < 1)$

証明はほとんど明らかである．まず $-\dfrac{\pi}{2} \leqq x \leqq \dfrac{\pi}{2}$ で $y =$

$\sin x$ の逆関数 $x=g(y)$ が定義されることは $\sin x$ の定義 (§31) から明らか．次に逆関数の導関数の公式 (16.2) から

$$g'(y) = \frac{1}{(\sin x)'} = \frac{1}{\cos x} = \frac{1}{\sqrt{1-\sin^2 x}} = \frac{1}{\sqrt{1-y^2}} \quad \blacksquare$$

練習 余弦関数 $y=\cos x$ を，閉区間 $[0, \pi]$ の上だけで考えて，**逆余弦関数** $x=h(y)$ が求められる．これを $x=\arccos y$ と書くと

(39.3) $\quad \dfrac{d(\arccos y)}{dy} = \dfrac{-1}{\sqrt{1-y^2}} \quad (-1<y<1)$

が成り立つことを示せ．

逆正接関数 逆正弦関数のときと同じく

定理 33 関数 $y=\tan x$ の変数 x は開区間 $\left(-\dfrac{\pi}{2}, \dfrac{\pi}{2}\right)$ の上だけで──すなわち x は $-\dfrac{\pi}{2}<x<\dfrac{\pi}{2}$ だけを──動かすことにすると，逆関数は存在し，それを $x=k(y)$ と書くと k はすべての実数 y ──すなわち $-\infty<y<+\infty$ なる y で定義され微分可能で $k'(y)=\dfrac{1}{1+y^2}$ が成り立つ．この $k(y)$ を $x=\arctan y$ と書いて**逆正接関数**と呼ぶ．すなわち

(39.4) $\quad \dfrac{d(\arctan y)}{dy} = \dfrac{1}{1+y^2}$

証明 始めの部分は，$y=\tan x$ のグラフを描いてみれば (次ページ)*，正弦関数の場合と同じようにして証明でき

---

* $(\tan x)'=1+\tan^2 x>0$ と定理 7 とによって，$\tan x$ は $-\dfrac{\pi}{2}$

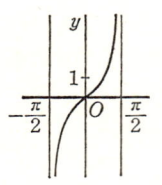

る．導関数については，(16.2) と (39.1) から

$$k'(y) = \frac{1}{(\tan x)'} = \frac{1}{1+\tan^2 x} = \frac{1}{1+y^2}$$ ∎

応用例2（応用例1の逆のごときもの）　観測者から 100 m だけ離れた地点で上げた気球が 60 m/分の速度で上昇する．気球が地上 100 m の高さにあるとき，観測者の気球に対する視角はどんな割合で増加するか．

解　応用例1のところの図で

$$y = 100 \cdot \tan\theta. \quad \text{よって} \quad \theta = \arctan\left(\frac{y}{100}\right)$$

ゆえに $y=100$ のときの $\dfrac{d\theta}{dt}$ の値は，合成関数の微分の公式 (15.2) により

$$\frac{d\theta}{dt} = \frac{d\theta}{dy} \cdot \frac{dy}{dt} = \frac{d(\arctan(y/100))}{dy} \cdot \frac{dy}{dt}$$

$$= \left(1+\left(\frac{y}{100}\right)^2\right)^{-1} \times \frac{1}{100} \times 60$$

において，$y=100$ として

$<x<\dfrac{\pi}{2}$ で増加関数であり，かつ $\tan 0 = 0$，$\lim\limits_{x \to \pi/2} \tan x = +\infty$，$\lim\limits_{x \to -\pi/2} \tan x = -\infty$ でもあることを用いよ．

$$\frac{d\theta}{dt} = \frac{1}{2} \times 0.6 = 0.3 \text{ ラジアン/分}$$

が得られた.

π の値について $\cos\frac{\pi}{4}=\sin\frac{\pi}{4}=\frac{1}{\sqrt{2}}$ であるから,$\tan\frac{\pi}{4}=1$. ゆえに (39.4) を用い

(39.5) $$\frac{\pi}{4} = \arctan 1 = \int_0^1 \frac{1}{1+y^2} dy$$

を得る. arctan 0=0 であるからである. こうして円周率 π を表わす重要な公式 (39.5) を得た. これは,(24.17) すなわち

$$\int_1^e \frac{1}{t} dt = 1$$

とともに微分積分法における双璧ともいうべき興味ある定積分である. (39.5) の右辺の近似値をもとめて,π の近似値を計算することは,次の §40 にゆずる. ここでは **arctan y のテイラー級数展開を利用しての π の数値計算**について述べる. 自然数 n に対して

$$1-\alpha^n = (1-\alpha)(1+\alpha+\alpha^2+\cdots+\alpha^{n-1})$$

が成り立つから,すべての実数 x について

$$\frac{1}{1+x^2} = \frac{1-(-x^2)^n+(-x^2)^n}{1-(-x^2)}$$

$$= \sum_{k=0}^{n-1}(-x^2)^k + \frac{(-x^2)^n}{1+x^2}$$

これを,0 から y まで積分して (39.4) を用い

$$(39.6) \quad \arctan y = y - \frac{y^3}{3} + \frac{y^5}{5} - \cdots + (-1)^{n-1}\frac{y^{2n-1}}{2n-1}$$
$$+ (-1)^n \int_0^y \frac{x^{2n}}{1+x^2} dx$$

が得られた.

この剰余 $R_{2n} = (-1)^n \int_0^y \frac{x^{2n}}{1+x^2} dx$ は, (20.9) により

$$-1 \leq y \leq 1 \text{ ならば } |R_{2n}| \leq \int_0^1 x^{2n} dx = \frac{1}{2n+1}$$

を満足するから $\lim_{n \to \infty} R_n = 0$ となり, **arctan y のテイラー級数展開**

$$(39.6)' \quad \arctan y = y - \frac{y^3}{3} + \frac{y^5}{5} - \cdots + (-1)^{n-1}\frac{y^{2n-1}}{2n-1} + \cdots$$

が得られた. <u>この展開が $-1 \leq y \leq 1$ のすべての y で通用するというところが重要なのである</u>.

系 (ライプニッツの級数) $y = 1$ とおいて

$$(39.7) \quad \frac{\pi}{4} = 1 - \frac{1}{3} + \frac{1}{5} - \frac{1}{7} + \cdots + (-1)^{n-1}\frac{1}{2n-1} + \cdots$$

この級数の第 $(2n-1)$ 項までとっても, 上に示したように, $\frac{\pi}{4}$ との誤差 R_n の絶対値は $\leq \frac{1}{2n+1}$ という緩慢なものなので, (39.7) そのままでは $\frac{\pi}{4}$ の数値計算には適さない.

そこでマーチン (J. Machin, 1685-1751) という人が次のようなうまい工夫をした. それは**正接関数についての加法定理***から得られる

§39 逆正弦関数，逆正接関数，π の値の計算

(39.8) $$\tan 2\varphi = \frac{2\tan\varphi}{1-\tan^2\varphi}$$

を用いようというのである．まず，$\varphi=\arctan\dfrac{1}{5}$ に展開 (39.6)′ を適用して

(39.9) $$\varphi = \frac{1}{5} - \frac{1}{3}\left(\frac{1}{5}\right)^3 + \frac{1}{5}\left(\frac{1}{5}\right)^5 - \cdots$$

そうすると (39.8) により

$$\tan 2\varphi = \frac{2\tan\varphi}{1-\tan^2\varphi} = \frac{2\cdot\dfrac{1}{5}}{1-\dfrac{1}{25}} = \frac{5}{12}$$

$$\tan 4\varphi = \frac{2\tan 2\varphi}{1-\tan^2 2\varphi} = \frac{120}{119}$$

となるので (39.8) を得たと同じようにして

$$\tan\left(4\varphi-\frac{\pi}{4}\right) = \frac{\tan 4\varphi - 1}{1+\tan 4\varphi} = \frac{1}{239}$$

したがって再び (39.6) を用い

$$4\varphi-\frac{\pi}{4} = \arctan\frac{1}{239}$$

$$= \frac{1}{239} - \frac{1}{3}\left(\frac{1}{239}\right)^3 + \frac{1}{5}\left(\frac{1}{239}\right)^5 + \cdots$$

これと (39.9) とから**マーチンの式**

---

* $\sin, \cos$ の加法定理（§33）から
$$\frac{\sin(\theta+\varphi)}{\cos(\theta+\varphi)} = \frac{\sin\theta\cdot\cos\varphi+\cos\theta\cdot\sin\varphi}{\cos\theta\cdot\cos\varphi-\sin\theta\cdot\sin\varphi} = \frac{\tan\theta+\tan\varphi}{1-\tan\theta\cdot\tan\varphi}$$

(39.10) $$\pi = 16\left\{\frac{1}{5} - \frac{1}{3}\left(\frac{1}{5}\right)^3 + \frac{1}{5}\left(\frac{1}{5}\right)^5 - \cdots\right\}$$
$$-4\left\{\frac{1}{239} - \frac{1}{3}\left(\frac{1}{239}\right)^3 + \frac{1}{5}\left(\frac{1}{239}\right)^5 - \cdots\right\}$$

が得られる.これを利用してみよう.

右辺第1項からは始めの5項,また右辺第2項からは始めの2項をとって計算する*.

$$16 \times \frac{1}{5} = 3.2$$

$$-16 \times \frac{1}{3 \times 5^3} = -0.042666656$$

$$16 \times \frac{1}{5 \times 5^5} = 0.001024000$$

$$-16 \times \frac{1}{7 \times 5^7} = -0.000029248$$

$$16 \times \frac{1}{9 \times 5^9} = 0.000000910$$

$$-4 \times \frac{1}{239} = -0.016736401$$

$$4 \times \frac{1}{3 \times 239^3} = 0.000000097$$

これらの総和として

π の近似値 3.141592702

---

* このような項のとり方は,高木貞治先生の『解析概論』,前掲,p.186 に示唆されたのである.電卓もなく"逆数表"だけを使って計算された先生の計算は大変であったと思われる.

が得られ，これは真の値 π と小数点以下 6 桁まで一致している．

マーチンは (39.10) を使って小数点以下 100 桁まで π の値を計算したという (1706 年)．

日本では建部賢弘 (1664-1739) が，

$$\frac{1}{2}(\arcsin y)^2 = \frac{y^2}{2!} + \frac{2^2 y^4}{4!} + \frac{2^2 4^2 y^6}{6!} + \cdots$$

を，円に接する正 1024 角形の計算から推定し，これを用いて π を 41 桁まで求めた (1722 年) という．

なお Petr Beckmann の本を訳した，田尾陽一・清水韶光訳『π の歴史』が，上のマーチン・建部の 100 桁および 40 桁計算の話などの種本である*．

π の近似値計算については次の §40 でも触れる積りである．

§40 数値積分におけるシンプソンの公式．π の近似計算

前節に述べた公式

(39.5) $$\frac{\pi}{4} = \int_0^1 \frac{1}{1+x^2} dx$$

の右辺の積分を，**数値積分**で近似することによって π の近似値を求めたい．

$f(x) = \dfrac{1}{1+x^2}$ は $[0,1]$ で減少関数であるから，§13 でやったように，$[0,1]$ を $0=x_0<x_1<x_2<\cdots<x_n=1$ のごと

---

* この訳本の見開きには，π の数値が 1 万桁まで写真印刷されている．興味ある方はついて見られたい．

く n 等分して，

過剰和　$n^{-1}(f(x_0)+f(x_1)+\cdots+f(x_{n-1}))$
不足和　$n^{-1}(f(x_1)+f(x_2)+\cdots+f(x_n))$

を計算し，(39.5) の積分値を近似することも考えられる．しかし一般に閉区間 $[a,b]$ で定義された連続関数 $f(x)$ の定積分 $\int_a^b f(x)dx$ を近似計算するのに最も多く用いられる**シンプソンの公式***の方がよりよい近似を与える．これを述べる為に

予備定理1　$g(t)$ が t の二次式であるとき，すべての x と $h>0$ とに対して

$$(40.1) \quad \int_{x-h}^{x+h} g(t)dt = \frac{h}{3}\left\{g(x-h)+4g(x)+g(x+h)\right\}$$

が成り立つ．

証明　$g(t)=pt^2+qt+r$ とおいて左辺の

$$\int_{x-h}^{x+h} g(t)dt = \left(p\frac{t^3}{3}+q\frac{t^2}{2}+rt\right)\Big|_{t=x-h}^{t=x+h}$$

$$= p\cdot\frac{(x+h)^3-(x-h)^3}{3}+q\cdot\frac{(x+h)^2-(x-h)^2}{2}+r\cdot 2h$$

$$= p\cdot\frac{6x^2h+2h^3}{3}+q\cdot\frac{4xh}{2}+r\cdot 2h$$

同じく (40.1) の右辺は，

---

*　シンプソン (Thomas Simpson, 1710-1761) 履歴は面白い．彼は絹織を業としていたが，数学書数冊を書いて認められ，軍の関係の専門学校教授の地位を得たという．

$$= \frac{h}{3}\Big\{p(x-h)^2+q(x-h)+r+4(px^2+qx+r)$$

$$+p(x+h)^2+q(x+h)+r\Big\}$$

$$= \frac{h}{3}\Big\{p((x-h)^2+4x^2+(x+h)^2)+q((x-h)+4x$$

$$+(x+h))+6r\Big\} = p\cdot\frac{6x^2h+2h^3}{3}+q\cdot\frac{6xh}{3}+r\cdot\frac{6h}{3} \blacksquare$$

シンプソンの公式 $y=f(x)$ を閉区間 $[a,b]$ で連続であるとし，$[a,b]$ を $2n$ 等分し分点を

$$a = x_0 < x_1 < \cdots < x_{2n-1} < x_{2n} = b$$

とし，各部分区間 $[x_k, x_{k+1}]$ の長さを h とおく．すなわち

(40.2) $\quad h = \dfrac{b-a}{2n} = x_{k+1}-x_k \quad (k=0,1,2,\cdots,2n-1)$

そして，曲線 $y=f(x)$ のグラフの上の点

$$P_i = (x_i, f(x_i)) = (x_i, y_i) \quad (i=0,1,2,\cdots,2n)$$

をとる．

部分区間 $[x_{2k}, x_{2k+2}]$ において，下のグラフを，3点 $P_{2k}, P_{2k+1}, P_{2k+2}$ を通る二次曲線のグラフでおきかえて得られる

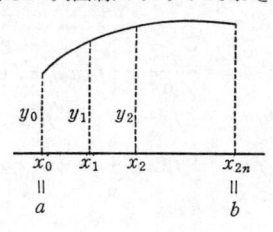

グラフを，関数 $y=\hat{f}(x)$ に対応するものと考えると，$g(t)$ が $\hat{f}(t)$ に等しいとして予備定理1を用い

$$\int_{x_{2k}}^{x_{2k+2}} \hat{f}(t)dt = \int_{x_{2k+1}-h}^{x_{2k+1}+h} \hat{f}(t)dt$$

$$= \frac{h}{3}\left\{\hat{f}(x_{2k})+4\hat{f}(x_{2k+1})+\hat{f}(x_{2k+2})\right\}$$

$$= \frac{h}{3}(y_{2k}+4y_{2k+1}+y_{2k+2})$$

が得られた（$k=0, 1, 2, \cdots, n-1$）．

よって特に $n=1$ のときは，$x_0=a, x_1=\dfrac{a+b}{2}, x_2=b$ で

(40.2) $\begin{cases} \displaystyle\int_a^b f(t)dt \text{ の近似値として} \\ \displaystyle\int_a^b \hat{f}(t)dt = \dfrac{b-a}{6}\left\{f(a)+4f\left(\dfrac{a+b}{2}\right)+f(b)\right\} \end{cases}$

同じく $n>1$ のとき，上の

$$\int_{x_{2k}}^{x_{2k+2}} \hat{f}(t)dt = \frac{h}{3}(y_{2k}+4y_{2k+1}+y_{2k+2})$$

を k について 0 から $(n-1)$ まで加え合わせてシンプソンの公式が得られる．すなわち <u>$\int_a^b f(t)dt$ の近似 $\int_a^b \hat{f}(t)dt$ は</u>

(40.2)′ $\int_a^b \hat{f}(t)dt = \dfrac{(b-a)}{6n}\{f(x_0)+f(x_{2n})$

$\qquad +4(f(x_1)+f(x_3)+\cdots+f(x_{2n-1}))$

$\qquad +2(f(x_2)+f(x_4)+\cdots+f(x_{2n-2}))\}$

で与えられる．ここに $n>1$ で

$$\begin{cases} a = x_0 < x_1 < x_2 < \cdots < x_{2n} = b \\ \text{かつ } x_1-x_0 = x_2-x_1 = \cdots = x_{2n}-x_{2n-1} = h = \dfrac{(b-a)}{2n}, \\ f(x_i) = y_i \quad (i=0,1,2,\cdots,2n) \end{cases}$$

である. $n=1$ のときは (40.2) がシンプソン公式である.

註 シンプソン公式が価値ある理由は, $\int_a^b f(t)dt$ の近似値 $\int_a^b \tilde{f}(t)dt$ が, $[a,b]$ を $2n$ 等分した各分点における関数 f の値 $f(x_i)=y_i$ $(i=0,1,2,\cdots,2n)$ から直ちに計算される――しかもその計算が加え算と掛け算のみであるので使いやすいことと, 以下の例で示すように近似が良いこと, また次の§41で示すように近似の誤差をも与え得るところにあるのである.

シンプソン公式の応用例1 予備定理1を用いて導いたのであるから, $f(x)$ が x の二次式の場合には, $n=1$ としたシンプソンの公式 (40.2) は $\int_a^b f(t)dt$ に一致してしまう.

応用例2 $n=1$, $a=0$, $b=\alpha$ としたときに (40.2) は $f(x)=x^3$ に対しても正しい値 $\int_0^\alpha t^3 dt = \dfrac{\alpha^4}{4}$ を与える. すなわち

$$\frac{\alpha}{6}\left\{0+4\left(\frac{\alpha}{2}\right)^3+\alpha^3\right\} = \frac{\alpha^4}{4}$$

応用例3 $n=1$, $a=0$, $b=\alpha$ としたときは $\int_0^\alpha t^4 dt = \dfrac{\alpha^5}{5}$ で, シンプソン公式 (40.2) は

$$\frac{\alpha}{6}\left\{0+4\left(\frac{\alpha}{2}\right)^4+\alpha^4\right\} = \frac{5}{24}\alpha^5 \neq \frac{1}{5}\alpha^5$$

を与える.

計算例としての $\int_0^1 \dfrac{1}{1+t^2} dt \left(=\dfrac{\pi}{4}\right)$ の近似値 $f(t)=\dfrac{1}{1+t^2}$ とし, $a=0, b=1, n=5$ のときには $h=0.1$ で $\dfrac{(b-a)}{6n}=\dfrac{0.1}{3}$ となり

$$y_0 = 1$$

$$y_{10} = \frac{1}{2} = 0.5$$

$$4y_1 = 4 \cdot \frac{1}{1.01} = 3.960396039$$

$$4y_3 = 4 \cdot \frac{1}{1.09} = 3.669724770$$

$$4y_5 = 4 \cdot \frac{1}{1.25} = 3.200000000$$

$$4y_7 = 4 \cdot \frac{1}{1.49} = 2.684563758$$

$$4y_9 = 4 \cdot \frac{1}{1.81} = 2.209944751$$

$$2y_2 = 2 \cdot \frac{1}{1.04} = 1.923076923$$

$$2y_4 = 2 \cdot \frac{1}{1.16} = 1.724137931$$

$$2y_6 = 2 \cdot \frac{1}{1.36} = 1.470588235$$

$$2y_8 = 2 \cdot \frac{1}{1.64} = 1.219512195$$

であるから, (40.2)' による

(40.3) $$\begin{cases} \dfrac{\pi}{4} \text{ の近似値} \\ = \dfrac{0.1}{3} \{y_0 + y_{10} + 4(y_1 + y_3 + \cdots + y_9) \\ \quad + 2(y_2 + y_4 + \cdots + y_8)\} \end{cases}$$

は,$\dfrac{1}{3} \cdot (2.356194457)$ となって,

$$\pi \text{ の近似値} = \dfrac{4}{3} \cdot (2.356194457)$$

$$= 3.141592609$$

が得られ,π の真の値 3.141592654… と小数点以下 7 桁まで一致している.

同じく**計算例としての** $\log 2 = \int_1^2 \dfrac{1}{t} dt$ の近似値 $a=1$,$b=2$ かつ $n=5$ として公式 (40.2)' を適用する.このときは $h = \dfrac{2-1}{2 \cdot 5} = 0.1$ で

$$y_0 = \frac{1}{1} = 1.000000000$$

$$y_{10} = \frac{1}{2} = 0.500000000$$

$$4y_1 = 4 \cdot \frac{1}{1.1} = 3.636363636$$

$$4y_3 = 4 \cdot \frac{1}{1.3} = 3.076923076$$

$$4y_5 = 4 \cdot \frac{1}{1.5} = 2.666666666$$

$$4y_7 = 4 \cdot \frac{1}{1.7} = 2.352941176$$

$$4y_9 = 4 \cdot \frac{1}{1.9} = 2.105263157$$

$$2y_2 = 2 \cdot \frac{1}{1.2} = 1.666666666$$

$$2y_4 = 2 \cdot \frac{1}{1.4} = 1.428571428$$

$$2y_6 = 2 \cdot \frac{1}{1.6} = 1.250000000$$

$$2y_8 = 2 \cdot \frac{1}{1.8} = 1.111111111$$

これらの和 20.79450688 に $\dfrac{h}{3} = \dfrac{0.1}{3}$ を乗じた

<u>0.693150229</u>

がシンプソン公式による $\log 2$ の近似値である.これは,(27.8) を用いたテイラー級数による $\log 2$ の近似値 0.693134756 より近似がよいようである.

§41 シンプソン公式 (40.2)′ の誤差評価

連続関数 $f(t)$ の原始関数を $F(t)$ とすると

(41.1) $\displaystyle\int_{x-h}^{x+h} f(t)dt = F(x+h) - F(x-h) \quad (h > 0)$

である.そして関数 f のグラフ上の 3 点

$(x-h, f(x-h)),\ (x, f(x)),\ (x+h, f(x+h))$

を通る二次曲線の弧によって,f のグラフの $(x-h)$ から $(x+h)$ までの部分を置き換えたものをグラフとする関数

§41 シンプソン公式 (40.2)′ の誤差評価

を $\bar{f}(x)$ とすると,

$$\int_{x-h}^{x+h} f(t)dt \text{ の近似値 } \int_{x-h}^{x+h} \bar{f}(t)dt$$

は, 前節に示したように,

(41.2) $\quad \int_{x-h}^{x+h} \bar{f}(t)dt = \dfrac{h}{3}\{f(x-h)+4f(x)+f(x+h)\}$

で与えられる. よってその**誤差**は,

(41.3) $\quad e(h) = F(x+h)-F(x-h)$
$$-\dfrac{h}{3}\{f(x-h)+4f(x)+f(x+h)\}$$

である. $e(h)$ の絶対値評価をしたい. $e(h)$ は上の式の示すように, x と h の双方に関係するので, $e(h)=e_x(h)$ と書いてもよい.

$|e(h)|$ の評価　関数 f が四階まで連続な導関数をもつような x と h との範囲では

(41.4) $\quad\quad\quad |e_x(h)| \leq \dfrac{M}{90}h^5$

が成り立つ. ここに M は, t が上述のような範囲 $x-h \leq t \leq x+h$ を動くときの $|f^{(4)}(t)|$ の最大値である.

証明　まず (41.3) から $e(0)=0$. 次に h に関して $e(h)$ を微分して

$$e'(h) = F'(x+h)+F'(x-h)$$
$$-\dfrac{1}{3}\{f(x-h)+4f(x)+f(x+h)\}$$

$$-\frac{h}{3}\Big\{f'(x+h)-f'(x-h)\Big\}$$

であるから,$F'(x)=f(x)$ を用い

$$e'(0) = f(x)+f(x)-\frac{1}{3}\cdot 6f(x) = 0$$

つづいて

$$e''(h) = f'(x+h)-f'(x-h)-\frac{1}{3}\Big\{f'(x+h)-f'(x-h)\Big\}$$

$$-\frac{1}{3}\Big\{f'(x+h)-f'(x-h)\Big\}$$

$$-\frac{h}{3}\Big\{f''(x+h)+f''(x-h)\Big\}$$

によって $e''(0)=0$. つづいてまた

$$e^{(3)}(h) = f''(x+h)+f''(x-h)$$

$$-\frac{1}{3}\Big\{f''(x+h)+f''(x-h)\Big\}$$

$$-\frac{1}{3}\Big\{f''(x+h)+f''(x-h)\Big\}$$

$$-\frac{1}{3}\Big\{f''(x+h)+f''(x-h)\Big\}$$

$$-\frac{h}{3}\Big\{f^{(3)}(x+h)-f^{(3)}(x-h)\Big\}$$

$$= -\frac{h}{3}\Big\{f^{(3)}(x+h)-f^{(3)}(x-h)\Big\}$$

ゆえに

$$(41.5)\quad e^{(4)}(h) = -\frac{1}{3}\left\{f^{(3)}(x+h)-f^{(3)}(x-h)\right\}$$
$$-\frac{h}{3}\left\{f^{(4)}(x+h)+f^{(4)}(x-h)\right\}$$
$$= -\frac{1}{3}\int_{x-h}^{x+h}f^{(4)}(t)dt$$
$$-\frac{h}{3}\left\{f^{(4)}(x+h)+f^{(4)}(x-h)\right\}$$

ところで，$e(0)=e'(0)=e''(0)=e'''(0)=0$ であったから，テイラーの定理 (22.5) において $n=4$ として

$$(41.6)\quad e(h) = \int_0^h \frac{(h-t)^3}{3!}e^{(4)}(t)dt$$

これに，上の (41.5) の $e^{(4)}(h)$ の h を t で置き換えたものを代入して評価しよう．まず

$$M = \max_{x-h \leq t \leq x+h}|f^{(4)}(t)|$$

とおくと，(41.5) と (20.9) とから，

$$|e^{(4)}(h)| \leq \frac{1}{3}\int_{x-h}^{x+h}Mdt + \frac{h}{3}\left|f^{(4)}(x+h)+f^{(4)}(x-h)\right|$$
$$\leq \frac{M}{3}\left\{(x+h)-(x-h)\right\} + \frac{h}{3}\cdot 2M$$
$$\leq \frac{4Mh}{3}$$

が得られた．これを (41.6) の右辺に代入して

(41.7) $$|e(h)| \leq \frac{4M}{3! \times 3} \int_0^h (h-t)^3 \cdot t\, dt$$

となる．右辺の積分は

$$\int_0^h (h-t)^3 \cdot t\, dt = \frac{-(h-t)^4}{4} \cdot t \Big|_{t=0}^{t=h} + \int_0^t \frac{(h-t)^4}{4} dt$$

$$= \frac{-(h-t)^5}{4 \cdot 5} \Big|_{t=0}^{t=h} = \frac{h^5}{4 \cdot 5}$$

となるから，(41.7) に代入して (41.4) が得られた．すなわち

$$|e(h)| \leq \frac{4M}{3! \times 3 \times 4 \times 5} h^5 = \frac{Mh^5}{90}$$ ■

註 上の誤差評価 (41.4) を n 個加えて得る誤差によって，シンプソン公式で $h=0.1$ として計算した近似値

$$\pi = 3.1415926 \text{ や } \log 2 = 0.69315$$

がこの桁近くまで正しい理由が根拠づけられた．

§42 ニュートンの方法による方程式の根の近似について

§18 に，数の平方根や立方根などの数値計算に役立つニュートンの方法を述べた．これは，一般の連続関数 $f(x)$ で連続な二階導関数をもつものに対しても，方程式

$$f(x) = 0$$

の根の近似計算に有効に用いられる．これを定理の形に述べておこう．

定理 34（ニュートンの方法） 関数 $f(x)$ が x のある閉じた区間 $[a,b]$ で連続であり，かつ $a<x<b$ なる x にお

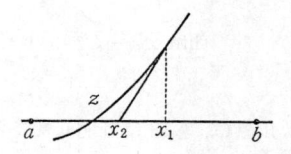

いては連続な導関数 $f'(x), f''(x)$ をもつとする. そして
$$a < x < b \text{ で } f'(x) > 0 \text{ かつ } f''(x) > 0$$
と仮定する. いま中間値の定理*などで
(42.1) $$f(z) = 0, \ a < z < b$$
となるような $f(x)=0$ の根(=解) z があることが保証されているときに,
$$z < x_1 < b$$
となるような, z の第1近似 x_1 を任意に選び, これから第2近似 x_2 を
(42.2) $$x_2 = x_1 - \frac{f(x_1)}{f'(x_1)}$$
によって定め, 以下順次に
(42.2)' $x_3 = x_2 - \dfrac{f(x_2)}{f'(x_2)}, \cdots, x_{n+1} = x_n - \dfrac{f(x_n)}{f'(x_n)}$
によって, 第 $(n+1)$ 近似 x_{n+1} まで求めると
(42.3) $z < \cdots < x_{n+1} < x_n < \cdots < x_3 < x_2 < x_1$
および

---

* §6

(42.4) $$\lim_{n \to +\infty} x_n = z$$
が成り立つ．

証明 (42.4) 以外は，§18 に証明してあるので，(42.4) の証明だけを述べる．

これまでに，たびたび触れた**実数の連続性**によれば，(42.3) を満足するような数列
$$x_1 > x_2 > \cdots > x_n > x_{n+1} > \cdots > z$$
が与えられると
$$\begin{cases} \lim_{n \to +\infty} x_n \text{ は存在し，その値を } x_\infty \text{ と} \\ \text{書くならば } x_\infty \geqq z \end{cases}$$
が成り立つ．

これを承認すれば，関数 f および f' が連続関数であることから，
$$x_{n+1} = x_n - \frac{f(x_n)}{f'(x_n)}$$
において $n \to +\infty$ としたとき $\lim_{n \to +\infty} x_n = x_\infty$，したがって $\lim_{n \to +\infty} x_{n+1} = x_\infty$ であることを用い
(42.5) $$x_\infty = x_\infty - \frac{f(x_\infty)}{f'(x_\infty)}$$
を得る．仮定によって $a < x < b$ で $f'(x) > 0$ であるから，$a < z \leqq x_\infty < x_1 < b$ である x_∞ においても $f'(x_\infty) > 0$ であるので，極限式 (42.5) が成り立つのである．そうすると
$$f(x_\infty) = 0$$
でなければならない．

このことから $x_\infty = z$ でなければならないことがいえる。もし上の $z \leq x_\infty$ において等号 $=$ が成り立たないとすると、$f' > 0$ によって増加する関数 f が z と $x_\infty > z$ の双方で 0 になるという不合理が生ずるからである。∎

定理34への補足1 もし

$$a < x < b \text{ で } f'(x) < 0 \text{ かつ } f''(x) > 0$$

である場合には、$f(z) = 0$ $(a < z < b)$ に対して

$$a < x_1 < z < b$$

となるような第1近似 x_1 をとり

$$x_2 = x_1 - \frac{f(x_1)}{f'(x_1)}$$

によって第2近似 x_2 をきめる手続きを繰り返して

$$x_{n+1} = x_n - \frac{f(x_n)}{f'(x_n)} \quad (n = 1, 2, \cdots)$$

をきめて行けば

$$x_1 < x_2 < \cdots < z \text{ かつ } \lim_{n \to +\infty} x_n = z$$

が成り立つ。

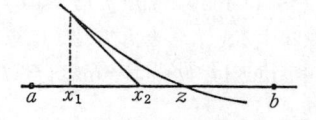

定理34への補足2 $f(z)$ にテイラーの公式 (22.5) を適用して

$$0 = f(z) = f(x_n) + (z-x_n)f'(x_n) + \int_{x_n}^{z}(z-t)f''(t)dt$$

この両辺を $f'(x_n)$ で割って

$$0 = \frac{f(x_n)}{f'(x_n)} + (z-x_n) + \frac{1}{f'(x_n)}\int_{x_n}^{z}(z-t)f''(t)dt$$

この右辺第1項は，(42.2)' により $(x_n - x_{n+1})$ に等しい．よって

(42.6) $\quad x_{n+1} - z = \dfrac{1}{f'(x_n)}\int_{z}^{x_n}(t-z)f''(t)dt$

を得る．$f'(x) > 0$ であることと，(20.9) とにより

$$x_{n+1} - z \leq \frac{1}{f'(x_n)} \cdot \max_{z \leq t \leq x_n} f''(t) \cdot \left.\frac{(t-z)^2}{2}\right|_{t=z}^{t=x_n}$$

を得る．補足1に述べたような，$f'(x) < 0, f''(x) > 0$ の場合にも同じような評価ができる．これら二つを一つにまとめると

(42.5)' $\quad |x_{n+1} - z| \leq \dfrac{1}{|f'(x_n)|} \cdot \max_{t}|f''(t)| \cdot \dfrac{|x_n - z|^2}{2}$

の形になる．ここに $\max_{t}|f''(t)|$ の max は，$f'(x) > 0$, $f''(x) > 0$ のときには $\max_{z \leq t \leq x_n}$, また $f'(x) < 0, f''(x) > 0$ のときは $\max_{x_n \leq t \leq z}$ を意味する．もっとも実は z は求められていないのであるから，$\max|f''(t)|$ は $= \max_{a \leq t \leq b}|f''(t)|$ としておくとよい．

計算例 1 $f(x) = x^5 - 4$ においては $f'(x) = 5x^4, f''(x) = 20x^3$ は，$x > 0$ ではともに > 0 である．$f(1) = -3 < 0$, $f(2) = 28 > 0$ であるから，中間値の定理（§6）によって，

§42 ニュートンの方法による方程式の根の近似について

$x=1$ と $x=2$ との間に $f(x)=0$ の根 $z=\sqrt[5]{4}$ があるはずである.

この z の第1近似として,$x_1=1.5$ をとってみると $(1.5)^5=7.59375>4$ であるから

$$1 < z < x_1 = 1.5$$

である.(42.2)によって第2近似 x_2 は

$$x_2 = x_1 - \frac{f(x_1)}{f'(x_1)} = x_1 - \frac{x_1^5 - 4}{5x_1^4} = \frac{4x_1}{5} + \frac{4}{5x_1^4}$$

すなわち一般に

$$x_{n+1} = \frac{4x_n}{5} + \frac{4}{5x_n^4} \quad (n=1, 2, \cdots)$$

によって,$x_1=1.5$ から出発して順次 $x_2, x_3, \cdots$ を電卓で求めてみる.

$$x_2 = \frac{4 \times 1.5}{5} + \frac{4}{5 \times (1.5)^4} = \underline{1.358024691}$$

$$x_3 = \frac{4 \times 1.358024691}{5} + \frac{4}{5 \times (1.358024691)^4}$$
$$= \underline{1.321631669}$$

$$x_4 = \frac{4 \times 1.321631669}{5} + \frac{4}{5 \times (1.321631669)^4}$$
$$= \underline{1.319514721}$$

$$x_5 = \frac{4 \times 1.319514721}{5} + \frac{4}{5 \times (1.319514721)^4}$$
$$= \underline{1.319507911}$$

ここで験し算をしてみよう.すなわち電卓で

$$x_4{}^5 = 4.0001032, \quad x_5{}^4 = 4$$

が出てくる. ゆえに $x_5 = 1.319507911$ は $\sqrt[5]{4}$ の十分によい近似であることがわかる. ついでながら, この電卓は直接に $4^{1/5}$ が求められるようになっていて, それによると $4^{1/5} = 1.3195079$ である.

計算例 2　$f(x) = x - \cos x$ では $f'(x) = 1 + \sin x$, $f''(x) = \cos x$ が, ともに $0 < x < \dfrac{\pi}{2}$ で > 0 である. そして $f(0) = -1 < 0$ かつ $f\left(\dfrac{\pi}{2}\right) = \dfrac{\pi}{2} - \cos\dfrac{\pi}{2} = \dfrac{\pi}{2} > 0$ であるから, 中間値の定理 (§6) により

$$f(x) = x - \cos x = 0$$

は $0 < z < \dfrac{\pi}{2}$ を満足する解 (根) z を唯一つもつ. この解 z に対して, $z < x_1 < \dfrac{\pi}{2}$ となる第 1 近似として $x_1 = \dfrac{\pi}{4}$ をとることができる.

$$f\left(\dfrac{\pi}{4}\right) = \dfrac{\pi}{4} - \cos\dfrac{\pi}{4} = \dfrac{\pi}{4} - \dfrac{1}{\sqrt{2}}$$
$$= 0.785398163 - 0.707106780 = 0.078291383 > 0$$

であるからである.

$$x_2 = \dfrac{\pi}{4} - \dfrac{f(\pi/4)}{f'(\pi/4)}$$

$$= 0.785398163 - \dfrac{0.078291383}{1 + 1/\sqrt{2}}$$

$$= 0.739536133$$

この x_2 を $f(x) = x - \cos x$ に代入して
$$f(x_2) = 0.739536133 - \cos(0.739536133)^*$$

$$= 0.739536133 - 0.738781260$$
$$= 0.000754873$$

であるから，上の $x_2=0.739536133$ が案外よい z の近似になっていることがわかる．読者は，$x_3 = x_2 - \dfrac{f(x_2)}{f'(x_2)}$ によって第 3 近似 x_3 を求めてみられよ．また験し算として $f(x_3)$ の大きさをも求めよ．

計算例 3 $f(x) = x^3 - 4x - 8$ に対しては
$$f'(x) = 3x^2 - 4, \quad f''(x) = 6x,$$
$$f(2) = -8 < 0, \quad f(3) = 7 > 0$$

であるから，中間値定理によって，$2 < z < 3$ である $f(x) = 0$ の根（解）z がある．そして $2 \leq x \leq 3$ である x に対して，$f'(x) > 0$ かつ $f''(x) > 0$ が成り立つ．ゆえに根 z の第 1 近似 $x_1 = 3$ から

$$x_2 = x_1 - \frac{f(x_1)}{f'(x_1)} = 3 - \frac{7}{23} = \underline{2.695652174}$$

$$x_3 = 2.695652174 - \frac{(2.695652174)^3 - 4 \times 2.695652174 - 8}{3 \times (2.695652174)^2 - 4}$$

$$= 2.695652174 - 0.045251319$$

$$= \underline{2.650400855}$$

$$x_4 = 2.650400855 - \frac{(2.650400855)^3 - 4 \times 2.650400855 - 8}{3 \times (2.650400855)^2 - 4}$$

$$= 2.650400855 - 0.000964489$$

---

* この 0.739536133 はラジアン表示の角であるから，この値に対する cos の値を電卓で求めるときには注意!!

$$= 2.649436366$$

この x_4 は z に対する相当良い近似になっている．実際に

$$\begin{aligned} f(x_4) &= 2.64943636^3 - 4 \times 2.64943636 - 8 \\ &= 18.597753 - 18.59774544 \\ &= 0.00000756 \end{aligned}$$

である．

註 計算はすべてポケット電卓でやった．加減乗除の誤差がボタンを押すたびに出て来るはずであるが，それは余り気にしなくてもよかろう．というのは，たとえば第1近似 x_1 から第2近似 x_2 を求めるときに，x_2 の精確な値を求めることが目的ではなく，x_1 より z により近い第2近似を求めたいのであったからである．x_1 から x_2，x_2 から x_3 というように逐次に近似を改良してゆくニュートン近似のメリットを理解すべきである．

関孝和のこと ニュートンとほとんど同じ時代に活躍した関孝和（セキ・タカカズ，1642(?)-1708）のおびただしい数学上の業績の一つに，$f(x)$ が x の多項式の場合にニュートンの近似法にあたることを論じたものがある（関の開方式のなかに）と，和算の研究家が関孝和全集*のなかで解説している．n 次の多項式 $f(x)$ を

$$f(x) = c_1 + c_2(x-a) + c_3(x-a)^2 + \cdots + c_{n+1}(x-a)^n$$

と書き表わすことによって得る

$$f'(a) = c_2$$

---

* 平山諦・下平和夫・広瀬秀雄編著『関孝和全集』，大阪教育図書 (1974).

によって，$x=a$ における微分商にあたるものを関は知っておったということである．

練習問題

(1) $g(y)=\arcsin y$ とおくとき，次の値を求む．
 (i) $g\left(\dfrac{1}{2}\right)$ (ii) $g\left(\dfrac{1}{\sqrt{2}}\right)$ (iii) $g'\left(\dfrac{1}{2}\right)$
 (iv) $g'\left(\dfrac{1}{\sqrt{2}}\right)$

(2) $g(y)=\arccos y$ とおくとき，次の値を求む．
 (i) $g\left(\dfrac{1}{2}\right)$ (ii) $g\left(\dfrac{1}{\sqrt{2}}\right)$ (iii) $g'\left(\dfrac{1}{2}\right)$
 (iv) $g'\left(\dfrac{1}{\sqrt{2}}\right)$

(3) $g(y)=\arctan y$ とおくとき，次の値を求む．
 (i) $g(1)$ (ii) $g\left(\dfrac{1}{\sqrt{3}}\right)$ (iii) $g(\sqrt{3})$ (iv) $g'(1)$
 (v) $g'\left(\dfrac{1}{\sqrt{3}}\right)$ (vi) $g'(\sqrt{3})$

(4) $\displaystyle\lim_{\varepsilon\to+0}\int_0^{1-\varepsilon}\dfrac{1}{\sqrt{1-y^2}}dy=\arcsin 1=\dfrac{\pi}{2}$ を証明せよ．

(5) $\displaystyle\lim_{a\to+\infty}\int_0^a\dfrac{1}{1+y^2}dy=\lim_{a\to+\infty}\arctan(a)=\dfrac{\pi}{2}$ を証明せよ．

(6) シンプソン公式で，$n=5$ として $\log 3=\displaystyle\int_1^3\dfrac{1}{y}dy$ を近似計算せよ．（真の値は 1.0986123…）

(7) ニュートンの方法で $\sqrt[5]{3}$ を近似計算せよ．（真の値は 1.2457309…）

II₇ 二次元の力学（軌道と人工衛星）

ニュートンについて，数学者ボホナー（S. Bochner, 1899-1982）は，その著書*において，「導関数の概念がないと速度も加速度も運動量もなく，物質密度や電荷密度やその他の密度もなく，ポテンシャルの勾配もなく，ひいては物理学のどの部門に出てくるポテンシャルの概念もなく，波動方程式もなく，したがって力学も物理学も工学もなく何もかもなかったであろう」といっている．まことにニュートンこそ現在の文明の大きなルーツといわなければならない．

われわれはその一端を，落体の法則（§17）について，さらに一次元の力学について（§37₁，§37₂）も述べた．このII₇では，二次元の力学として拋物体の軌道や，拋物体を発射する初速度をはなはだしく大きくした場合にあたる人工衛星に関連させて，太陽のまわりをまわる惑星すなわち動く地球の軌道にも触れることにする．

§43 拋物体の運動．軌道

地上の物体は，すべて鉛直下向きに大きさが mg の重力

---

* The Role of Mathematics in the Rise of Science, Princeton University Press（1966）. 村田全訳『科学史における数学』，みすず書房（1970）あり．

§43 拋物体の運動．軌道

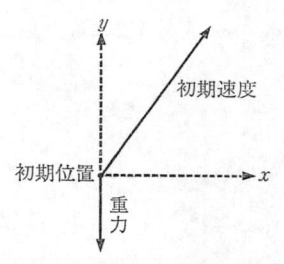

y軸上向き、初期位置から初期速度ベクトル、重力は下向き

初期位置 ・‐‐‐‐‐→ *x*

初期速度／重力

を受けている．ここに m はこの物体の**質量**，また g は**重力加速度**である．簡単の為に，物体は大きさのない質点とし，この質点の**初期位置**と，この初期位置を通る**初期速度**の方向および重力の方向を含む平面内に，水平に x 軸，鉛直上向きに y 軸をとる．この質点の時刻 t における位置の x-座標 $x(t)$ と y-座標 $y(t)$ とはニュートンの運動方程式

$$(43.1) \quad \begin{cases} m\dfrac{d^2x}{dt^2} = 0, \\ m\dfrac{d^2y}{dt^2} = -mg \end{cases}$$

を満たす．ここでは<u>空気の抵抗は無視できるほど小さい</u>としているから，この質点は x-軸方向の外力にはさらされていないので，$m\dfrac{d^2x}{dt^2}$ の右辺は 0 になるのである．これらの原始関数を求めて，任意定数 C_1, C_2 を含む

$$\frac{dx}{dt} = C_1, \quad \frac{dy}{dt} = -gt + C_2$$

が得られる．$t=0$ として C_1 は初期速度 V_0 の x-成分 V_{0x}，

C_2 は初期速度 V_0 の y-成分 V_{0y} に等しいことがわかる. すなわち

$$\frac{dx}{dt} = V_{0x}, \quad \frac{dy}{dt} = V_{0y} - gt$$

再びこれらの原始関数を求めて

$$x(t) = V_{0x}t + C_3, \quad y(t) = V_{0y}t - \frac{gt^2}{2} + C_4$$

定数 C_3, C_4 は,初期位置の x-成分($=x$ 座標)x_0 および初期位置の y-成分($=y$ 座標)y_0 から,$C_3 = x_0, C_4 = y_0$ と決まる.すなわち

(43.2) $$\begin{cases} x(t) = x_0 + V_{0x}t, \\ y(t) = y_0 + V_{0y}t - \frac{g}{2}t^2 \end{cases}$$

この2式から t を消去する(第1の式から t を求めて第2の式に代入する)と

$$y(t) = y_0 + V_{0y} \cdot \frac{x(t) - x_0}{V_{0x}} - \frac{g}{2} \cdot \left(\frac{x(t) - x_0}{V_{0x}}\right)^2$$

を得る.$y(t)$ が $x(t)$ の二次式になったので,質点の軌道は**抛物線***(ほうぶつせん)を描くのである.軌道すなわち弾道である.

初期位置を原点にとれば,$x_0 = y_0 = 0$. さらに,初期速度

---

* 抛物線については,次の §44 にくわしい説明がある.なおこの項は抛物線とせずに放物線と書く向きもある.しかし,放物ではピサの斜塔からでも物を落すような感じなので,人工衛星の発射などの感じが出るように抛物を使うことにした.

V_0 が水平な地面となす角を θ とすると

$$x_0 = y_0 = 0, \quad V_{0x} = V_0 \cos\theta, \quad V_{0y} = V_0 \sin\theta$$

であるから

$$x(t) = V_0 t \cdot \cos\theta, \quad y(t) = V_0 t \cdot \sin\theta - \frac{g}{2}t^2$$

これから t を消去して**軌道**は

$$\begin{aligned}y &= V_0 \sin\theta \frac{x}{V_0 \cos\theta} - \frac{g}{2}\left(\frac{x}{V_0 \cos\theta}\right)^2 \\ &= x\tan\theta - \frac{x^2}{2}\cdot\frac{g}{V_0^2 \cos^2\theta}\end{aligned}$$

すなわち次式で与えられる. $t \geqq 0$ として

(43.3) $\quad y(t) = x(t)\cdot\tan\theta - x(t)^2 \cdot \dfrac{g}{2V_0^2 \cos^2\theta}$

拋物体の最大到達距離 上述の拋物体が再び地上に戻る地点の x 座標は,上式で $y(t)=0$ としたときの $x(t)$ すなわち

(43.4) $\quad x(t) = \dfrac{2V_0^2 \cos^2\theta}{g}\cdot\tan\theta = \dfrac{V_0^2}{g}\sin 2\theta$

で与えられる.この $x(t)$ が最大となるような打ち上げ角度 θ_0 は $\sin 2\theta_0$ を最大にする角度であるから

(43.5) $\quad\quad\quad\quad \theta_0 = \dfrac{\pi}{4} = 45°$

である.

註* 明治 38 年(1905)5 月 27 日,「興廃此の一戦に在

---

* 司馬遼太郎『坂の上の雲 8』,文春文庫, p.110-.

り」のZ旗を旗艦三笠の檣上に掲げた東郷司令長官の率いる連合艦隊が,旗艦スワーロフに乗るロジェストウェンスキー司令長官の率いるバルチック艦隊と対馬近海において遭遇した.そして三笠とスワーロフの距離 8000 メートルのときに,東郷が有名な敵前回頭を敢行して,多くの砲弾を受けながら満を持して応射せず,三笠がスワーロフに対する砲撃を始めたときの距離は 6400 メートルであったという.当時の最新鋭巨砲でも有効適確な着弾距離はそんな程度のものであったらしい.しかし大陸間弾道弾などの物騒なものの発射については,地球を平面とする計算 (43.4) とは異なり,地球が球であることを考慮に入れた計算をやっているに違いない.

ニュートンによる人工衛星の予想 上の註に関連していうと,(43.4) で $\theta = \dfrac{\pi}{4}$ にしておいて初期速度 V_0 を大きくしてゆくと,到達距離 $\dfrac{V_0^2}{g}$ が地球の半径*をこえてしまう.ニュートンの主著プリンキピア**の**定義5**(河辺訳の p.62)に次の言葉がある:「ある山の頂上から火薬の力で水平方向に打ち出された鉛のたまが,地上に落下するまでに,曲線に沿って2マイルの距離に達したとすると,それは,もし空気の抵抗が除かれるならば,2倍の速度でもっては約4倍遠くに達し,10倍の速度では約100倍遠くまで

---

* 赤道における直径は約 7926 マイル,両極をつなぐ直径は約 7900 マイル.
** 河辺六男訳,世界の名著 26『ニュートン』,中央公論社.

達するであろう．そして速度を増すことによって思いのままに投射される距離を増すことができ，描かれる曲線の曲率を減らすことができよう．そして 10°，30° または 90° の角距離に落下するように，あるいはまた地球全体をひとまわりするようにも，また最後には（地球に帰って来ないで）天球中に進み入り，その前進運動によって無限遠にまで達するようにできるであろう．云々」

これこそ 300 年近く前に人工衛星を予想したものである．朝永振一郎のいうように*，「昔の人にそれ（人工衛星）が出来なかったのは，ニュートン力学の責任ではなく，ロケット技術の欠如のせいである」．

さて，ついでながら，せっかくまえの §37$_1$，§37$_2$ で既に出してある結果を使えるのであるから，<u>拋物体の速度に比例する空気抵抗がある場合の軌道</u>についてもしるしておこう．このときは (43.1) の代わりに，抵抗係数を $r>0$ として

(43.1)′ $\begin{cases} m\dfrac{d^2x}{dt^2} = -r\dfrac{dx}{dt}, \\ m\dfrac{d^2y}{dt^2} = -r\dfrac{dy}{dt} - mg \end{cases}$

が運動方程式である．よって，はじめの方程式の特性方程式 (37.7) は

$$m\lambda^2 + r\lambda = 0$$

---

* 『物理学とは何だろうか』(上)，岩波新書，p. 109.

となって，その二根は

$$\lambda_1 = 0, \ \lambda_2 = -\frac{r}{m}$$

したがって，はじめの方程式の基本解系として

$$x_1(t) = e^0 = 1, \ x_2(t) = e^{-rt/m}$$

をとることができる．ゆえに (37.12) が使えて

　　　初期条件 $x(0) = x_0 = 0, \ x'(0) = v_0 = V_{0x}$

に応ずる (43.1)′ のはじめの方程式の解 $x(t)$ は

(43.6) $$x(t) = \frac{m}{r} V_{0x}(1 - e^{-rt/m})$$

で与えられる．

　同じく (43.1)′ のなかの，外力がある方程式 $m\dfrac{d^2y}{dt^2} = -r\dfrac{dy}{dt} - mg$ の場合にも

(43.7)　　初期条件 $y(0) = y_0 = 0, \ y'(0) = V_{0y}$

に応ずる $my'' = -ry' - mg$ の解は，次のようにして求められる．まず (37.27)′ において

$$x_1(t) = 1, \ x_2(t) = e^{-rt/m}, \ f(t) = -mg$$

としたときの

$$C_1'(t) = \frac{ge^{-rt/m}}{-\dfrac{r}{m}e^{-rt/m}} = \frac{-mg}{r},$$

$$C_2'(t) = \frac{-g}{-\dfrac{r}{m}e^{-rt/m}} = \frac{mg}{r}e^{rt/m}$$

を求めて，これから作った

$$\tilde{y}(t) = C_1(t)\cdot 1 + C_2(t)e^{-rt/m} = \frac{-mg}{r}t + \frac{m^2g}{r^2}$$

が (43.1)′ のあとの方の微分方程式の解になる．このときはこの微分方程式は y を含まないから，$\tilde{y}(t)$ の右辺の定数 $\dfrac{m^2g}{r^2}$ を取りさっても解になる．すなわち

(43.8) $\tilde{y}(t) = \dfrac{-mg}{r}t$ が $m\hat{y}'' = -r\hat{y}' - mg$ の解

であることがわかった．

そこで，この解 $\tilde{y}(t)$ に

斉次微分方程式 $mx'' = -rx'$

の基本解系 $x_1(t) = 1$, $x_2(t) = e^{-rt/m}$ の一次結合 $C_3 + C_4 e^{-rt/m}$ を付け加えた

$$y(t) = C_3 + C_4 e^{-rt/m} - \frac{mg}{r}t$$

が初期条件 (43.7) を満足するように，定数 C_3, C_4 を決めればよい．こうして (43.7) を満足する $my'' = -ry' - mg$ の解が求まった:

$$y(t) = \left(\frac{mV_{0y}}{r} + \frac{gm}{r^2}\right)(1 - e^{-rt/m}) - \frac{mg}{r}t$$

以上結論として，初期条件

$x(0) = 0$, $x'(0) = V_{0x}$, $y(0) = 0$, $y'(0) = V_{0y}$

を満足する (43.1)′ の解は

(43.9) $$\begin{cases} x(t) = \dfrac{mV_{0x}}{r}(1-e^{-rt/m}) \\ y(t) = \left(\dfrac{mV_{0y}}{r} + \dfrac{gm}{r^2}\right)(1-e^{-rt/m}) - \dfrac{mg}{r}t \end{cases}$$

で与えられる．

系として，$t \to +\infty$ のときに

(43.10) $\displaystyle\lim_{t \to +\infty} x'(t) = 0, \quad \lim_{t \to +\infty} y'(t) = -\dfrac{mg}{r}$

このうち $y'(t)$ の方は，$t \to +\infty$ のとき速さが増して抵抗が増し重力と釣り合って，加速度が 0 になってゆくことを示す．そして $x'(t)$ の方に関連しての $\displaystyle\lim_{t \to +\infty} x(t) = \dfrac{mV_{0x}}{r}$ も面白い．

§44 ケプラーの三大法則．円錐曲線

ガリレオとほとんど同じ時代に生きた，ドイツの数学者かつ天文学者ケプラー (Johannes Kepler, 1571-1630) は，その師デンマークのティコ・ブラーエ (Tycho Brahe, 1546-1601) から残された，おびただしい火星など惑星の観測結果を，25 年にわたって整理研究し解析してついに次の三つの大法則を発見したのであった．すなわち

Ⅰ) 惑星は，太陽を一つの焦点とする楕円の周上を運行する．

Ⅱ) 太陽から惑星に向けた動径は，等しい時間間隔には等しい面積を掃く．

Ⅲ) 惑星が太陽をめぐる周期の 2 乗は，Ⅰ) に述べた楕

円の長径の3乗に比例する.

このI), II) は1609年に, またIII) は1619年に発表されたという. イタリア生まれのガリレイが地動説を唱え, 1616年の宗教裁判においてその説を放棄するように法王から命ぜられたときに「それでも地球は動く」とつぶやいたといわれている. 当時のイタリアとドイツの国情の相違を語る話題のようであるが, 実はケプラーもその庇護者であったプラハのルドルフ帝の死後その庇護も打ち切られ, 彼の老母が魔女の疑いで告発されるという事件まで起こり, 彼自身は行路病者として死去したということである*.

このように, ケプラーは観測と計算のすぐれた能力によって上の三大法則を発見したのであったが, 後になってニュートンが**万有引力の仮設**を唱え, これからケプラーの三大法則を演繹して, 彼の微分積分法の偉大さを示したのであった.

これらを次の§45に述べる為の準備として上のI), II), III) の陳述のなかに出てくる楕円のことなど**円錐曲線**に関して必要な事柄を説明しておこう.

楕円, 双曲線, 抛物線を総称して**円錐曲線**と呼ぶ. これはプラトン (Platon, 前427-347) 時代の数学者として名高いユードクソス (Eudoxos, 前約408-約355) の高弟メナイクモス (Menaikhmos, 前約375-325) によって示された次

---

* 前掲, 朝永振一郎著『物理学とは何だろうか』(上), 岩波新書, p.89 を見よ.

楕円　双曲線　抛物線

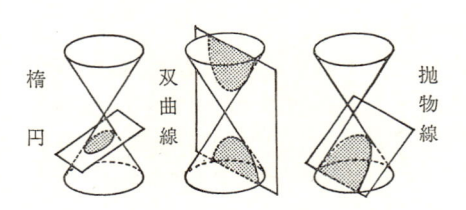

の事実によって名付けられたのであるという．すなわち図のごとく*，円錐の頂点を通らない平面で，円錐を切った切口の線が，この平面のとり方によって，円・楕円・双曲線および抛物線になるというのである．そして前200年頃にアポロニウス（Apollonius）によって，円錐曲線に関する完全な議論がなされたということである．

以下簡単に円錐曲線の主要性質をしるしておく．読者は，これらをある程度は高校の数学で学んでいると思うが，くわしくは，たとえば矢野健太郎著『初等解析幾何学』第2版，岩波，をみられたい．

<u>楕円</u>（ellipse）　楕円上の点 P から点 F, F' への距離の和 $\overline{PF} + \overline{PF'}$ は一定で $2a$ である（次ページ上図）．点 P における楕円の接線に対して，印をつけた二つの角は相等しい．よって F から出た光線は楕円の内面に反射して F' に集まる．それゆえ，この2点 F, F' を**楕円の焦点**（focus）という．図の座標系で**楕円の方程式**は，$a \geqq b$ として

　＊　この巧妙な図は，L. Gårding: Encounter with Mathematics, Springer-Verlag（1977）から借用した．

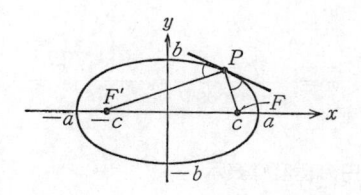

$$\left(\frac{x}{a}\right)^2+\left(\frac{y}{b}\right)^2=1$$

であり,この a と b とをそれぞれこの楕円の**長径**,**短径**という. 二つの焦点 F, F' の座標は,

$$F=(c,0),\ F'=(-c,0)\ \text{かつ}\ c=\sqrt{a^2-b^2}$$

で与えられる.

極座標による楕円の方程式 下図によって $r+r'=2a$. また, $r'^2=r^2+(2c)^2-2r\cdot 2c\cdot\cos(\pi-\theta)$ であるから,

$$(2a-r)^2=r^2+4cr\cos\theta+4c^2$$

となって

$$4a^2-4ar=4cr\cos\theta+4c^2$$

これから

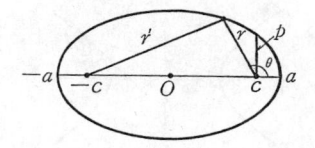

$$r = \frac{a^2-c^2}{a+c\cdot\cos\theta} = \frac{a\left(1-\dfrac{c^2}{a^2}\right)}{1+\dfrac{c}{a}\cos\theta}$$

すなわち楕円の極座標表示

(44.1) $\quad\begin{cases} r = p(1+e\cdot\cos\theta)^{-1}, \quad p = a(1-e^2), \\ e = \dfrac{c}{a}, \quad 0 \leq e = \dfrac{\sqrt{a^2-b^2}}{a} < 1 \end{cases}$

が得られた．楕円が円になるのは $e=0$ になるときであり，e はこの楕円の**離心率**（eccentricity）と呼ばれる．

双曲線（hyperbola）　双曲線の方程式は，

$$\left(\frac{x}{a}\right)^2 - \left(\frac{y}{b}\right)^2 = 1 \quad (a \geq b > 0)$$

で与えられる．これには二つの**枝**（branch）があり，線の上の点 P から二つの点 F, F' への距離の差は $\pm 2a$ に等しい*．点 P における双曲線の接線を引くと，図のように印を付けた二つの角は相等しい．したがって，F から出た光線は双曲線で反射されて，F' から来たように見える．これが F, F' を**焦点**と呼ぶ理由であろう．その座標は

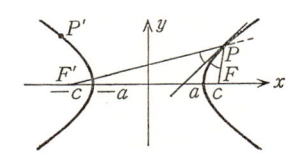

---

* $\overline{PF'} - \overline{PF} = 2a,\ \overline{P'F'} - \overline{P'F} = -2a$

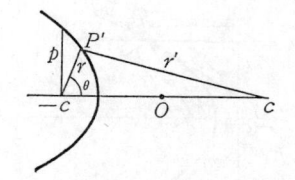

$$\begin{cases} F = (c,0), \ F' = (-c,0), \\ c = \sqrt{a^2+b^2} = ae, \ e = \sqrt{\dfrac{a^2+b^2}{a^2}} > 1 \end{cases}$$

であることもわかっている.

極座標による双曲線の方程式 左の枝について述べる. 楕円の場合と同じようにして上図からまず $r'-r=2a$.

また,

$$r'^2 = r^2 + (2c)^2 - 2r \cdot 2c \cdot \cos\theta$$

であるから,

$$(2a+r)^2 = r^2 - 4cr\cos\theta + 4c^2$$

となって

$$r = \frac{c^2-a^2}{a+c\cdot\cos\theta} = \frac{a(e^2-1)}{1+e\cdot\cos\theta}$$

すなわち**双曲線の極座標表示**

(44.2) $$\begin{cases} r = p(1+e\cdot\cos\theta)^{-1}, \ p = a(e^2-1), \\ e = \dfrac{c}{a} = \sqrt{\dfrac{a^2+b^2}{a^2}} > 1 \end{cases}$$

が得られた.

抛物線 (parabola) **の方程式は**

$$y^2 = 4cx$$

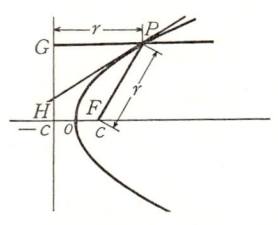

で，枝は一つである．拋物線上の点 P から，この拋物線の準線（directrix）$x=-c$ への距離と，P から F への距離は等しい．点 P における接線を引くと，$\angle HPG$ と $\angle HPF$ は相等しい．よって**焦点** F から出た光線は拋物線の内面で反射して x 軸に平行な平行光線になる．これが**パラボラ反射鏡**の原理である．

極座標による拋物線 $y^2=-4cx$ の方程式＊　下図で $\overline{PF}=\overline{PG}=r$ で $\overline{FH}=2c$ であるから
$$2c - r\cos\theta = r$$
となり，拋物線 $y^2=-4cx$ の極座標表示

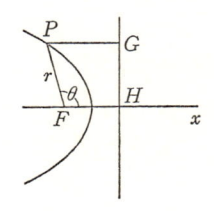

＊　y 軸に対して，$y^2=4cx$ に対称なグラフの拋物線

(44.3)
$$r = \frac{2c}{1+\cos\theta}$$

が得られた．すなわち拋物線 $y^2 = -4cx$ では $e=1$ に相当している．

§45 ニュートンの万有引力．惑星の運動

ニュートンによれば，二つの物体はその相互距離 r の逆数の 2 乗に正比例し，かつ 2 物体の質量の積にも正比例する力（引力）で互いに引き合っている．これを**万有引力の仮設**という．

地球のような惑星の運動を調べるときには，太陽と物体をともにそれぞれ質量 M, m を有する質点と考える． M は m に比して非常に大きいから，地球は，静止した太陽に向う力

(45.1)
$$F = -G\frac{Mm}{r^2}$$

の作用を受けて運動していると考える．万有引力定数 G は 6.6732×10^{-11} m³/キログラム・秒² と計算されている．

ゆえに地球（質点としての）の，原点としての太陽に対する位置を，原点と地球の初期位置を結ぶ線分と地球の初速度の方向とを含む平面内の運動として追跡することにする．

この平面に原点（太陽）を通る直交座標系を定めて，時刻 t における（質点としての）地球の位置を $x(t), y(t)$ とすれば，ニュートンの原理

$$\text{質量} \times \text{加速度} = \text{力}$$

と仮設（45.1）とによって，地球の運動は，

$$(45.2) \quad \begin{cases} m\ddot{x} = -GMm\dfrac{1}{r^2} \cdot \dfrac{x}{r} \\ m\ddot{y} = -GMm\dfrac{1}{r^2} \cdot \dfrac{y}{r} \end{cases} \quad (r=\sqrt{x^2+y^2})$$

で記述される．F の x 軸方向の成分は $F \cdot \dfrac{x}{r}$，y 軸方向の成分は $F \cdot \dfrac{y}{r}$ であるからである．また，時刻 t に関する $x(t)$ の第1次導関数をニュートン流に $\dot{x}(t)$，第2次導関数を $\ddot{x}(t)$ と書いた．

ここでは，**定性的**に地球の運動がケプラーの三大法則にしたがうことを（45.2）から導き出すことだけが目標であるから，（45.2）の両辺を m で割り，ついで $\sqrt{GM}\,t$ を改めて時刻 t にとることにして，運動方程式

$$(45.3) \quad \begin{cases} \ddot{x} = -\dfrac{x}{r^3} \\ \ddot{y} = -\dfrac{y}{r^3} \end{cases} \quad (r=\sqrt{x^2+y^2})$$

を取り扱うことにする．

$m=1$ としたわけであるから，$\dot{x}, \dot{y}$ は地球の**運動量**（momentum，質量×速度）の x-成分，y-成分である．**運動エネルギー**（kinetic energy）

$$(45.4) \quad \frac{1}{2}(\dot{x}^2+\dot{y}^2)$$

を t で微分して（45.3）を用いると，

§45 ニュートンの万有引力，惑星の運動

(45.5) $$\dot{x}\ddot{x}+\dot{y}\ddot{y} = -\frac{x\dot{x}}{r^3}-\frac{y\dot{y}}{r^3} = \dot{r}^{-1}$$

となる．

証明 $r=\sqrt{x^2+y^2}$ を t で微分して (15.2) を用い，

$$\dot{r} = \frac{1}{2}\frac{2x\dot{x}+2y\dot{y}}{\sqrt{x^2+y^2}} = \frac{x\dot{x}+y\dot{y}}{r}$$

および (14.5) により

$$\dot{r}^{-1} = -r^{-2}\cdot\dot{r}$$

が成り立つからである．

ゆえに (45.5) の原始関数

$$\frac{\dot{x}^2+\dot{y}^2}{2} = r^{-1}+\text{定数}\,E$$

すなわち，

(45.6) $$\frac{\dot{x}^2+\dot{y}^2}{2}-r^{-1} = E$$

となって，<u>運動エネルギーと万有引力から来るポテンシャル・エネルギー（$-r^{-1}$）との和</u>が時刻 t の変化に対して定数 E となって変化しない．よって (45.6) は**エネルギー保存の原理**を述べているのである．

次に**角運動量**（angular momentum）

$$x\dot{y}-y\dot{x}$$

を t で微分して (45.3) を用いると

$$x\ddot{y}-y\ddot{x} = 0$$

となるので**角運動量保存の原理**

(45.7) $$x\dot{y}-y\dot{x} = \text{定数}\,C$$

が得られた．

(45.6) と (45.7) とからケプラーの三大法則を導く為に，$x^2+y^2=r^2$ を用い
(45.8) $$x = r\cos\theta,\ y = r\sin\theta$$
のように，点 (x,y) の極座標 (polar coordinate) 表現をする．$\theta=\arcsin\frac{y}{r}$ であるから，定理32により，θ が $\frac{y}{r}$ と同じく*t について何回でも微分できることがわかる．ゆえに (45.8) を t で微分して，(33.7) および (33.8) により
(45.9) $$\begin{cases} \dot{x} = \dot{r}\cos\theta - r\sin\theta\cdot\dot{\theta}, \\ \dot{y} = \dot{r}\sin\theta + r\cos\theta\cdot\dot{\theta} \end{cases}$$
が得られた．これを用いて
$$\frac{\dot{x}^2+\dot{y}^2}{2} = \frac{\dot{r}^2+r^2\dot{\theta}^2}{2}$$
を得るから，**エネルギー保存の原理** (45.6) は
(45.6)′ $$\frac{\dot{r}^2+r^2\dot{\theta}^2}{2} - \frac{1}{r} = E$$
となる．同じく (45.7) と (45.9) を用い，**角運動量保存の原理**
(45.7)′ $$r^2\dot{\theta} = C$$
を得る．これがケプラーの面積速度一定という第2法則である．

　証明　原点 O と点 $A=(x,y)$ とを結ぶ長さ r の動径が，微小時間 δt の間に微小角 $\delta\theta$ だけまわって B に来たとす

---
* $r=0$ でないところで．

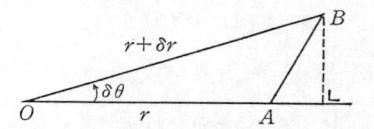

る．このとき三角形 OAB の面積を δt で割った商

$$\left(\frac{r}{2}\cdot(r+\delta r)\sin\delta\theta\right)\div\delta t$$

は，$\delta t\to 0$ とするとき，$\delta\theta\to 0$ によって $\delta r\to 0$ と $\dfrac{\sin\delta\theta}{\delta\theta}\to 1$ とを得ることから，

$$\frac{r^2}{2}\dot\theta$$

となる．$\dfrac{\sin\delta\theta}{\delta t}=\dfrac{\sin\delta\theta}{\delta\theta}\cdot\dfrac{\delta\theta}{\delta t}\to\dot\theta$ となるからである． ∎

ケプラーの第1法則の証明* $\dot\theta(t)\neq 0$ のときには，$\theta(t)$ が増加関数（$\dot\theta(t)>0$ のとき）または減少関数（$\dot\theta(t)<0$ のとき）である．ゆえに $\dot\theta(t)\neq 0$ として，$\theta=\theta(t)$ の逆関数を $t=\tau(\theta)$ とおけば，合成関数

$$r(\tau(\theta))$$

を θ で微分し，θ での微分をダッシュで r' と書くことにすれば，合成関数の微分公式 (15.2) により

$$r'=\dot r(t)\cdot\tau'(\theta)$$

を得る．また，逆関数の微分公式 (16.2) で

$$\tau'(\theta)=\frac{1}{\dot\theta(t)}$$

---

* 以下，前掲ゴルディング（L. Gårding）の書物の竹之内脩訳『数学との出会い』，岩波，の p.183- を参考したところがある．

となるから，上の $r'=\dot{r}(t)\cdot\tau'(\theta)$ から

(45.10) $$r' = \frac{\dot{r}}{\dot{\theta}} \quad \text{すなわち} \quad \dot{r} = r'\dot{\theta}$$

を得る．これを (45.7)′ と組合わせて

(45.11) $$\dot{r} = Cr'r^{-2}, \quad \dot{\theta} = Cr^{-2}$$

も得られる．(45.11) を (45.6)′ に代入して

(45.6)″ $$2^{-1}((r')^2 r^{-4} C^2 + r^{-2} C^2) - r^{-1} = E$$

これを簡単にする為に，

$$r^{-1} = s \text{ とおき } s' = -r^{-2} r'$$

を (45.6)″ に代入して

(45.6)‴ $$2^{-1} C^2 ((s')^2 + s^2) - s = E$$

となる．ここで $C \neq 0$ として*，

$$Cs - C^{-1} = u \text{ とおき, } Cs' = u'$$

したがって，(45.6)‴ は次のようになる．

(45.6)⁽⁴⁾ $$(u')^2 + u^2 = 2E + C^{-2}$$

ところで，$s = r^{-1}$ と $Cs - C^{-1} = u$ とにより

(45.12) $$u = Cs - C^{-1} = Cr^{-1} - C^{-1}$$

は $r=$ 定数のとき以外には定数でない．ゆえに u が定数でないとして——すなわち r が定数でないとして——(45.6)⁽⁴⁾ の右辺の定数

$$\underline{2E + C^{-2} \text{ は } > 0}$$

として先に進むことにする．すなわち

---

* もし $C=0$ とすると，(45.7)′ すなわち $r^2\dot{\theta}=C$ により $\dot{\theta}=0$ または $r=0$ となるが，これらの場合については，あとから述べる．

(45.6)[5]　$v = \dfrac{u}{\sqrt{2E+C^{-2}}}$ とおいて $(v')^2+v^2=1$

から出発する．

微分方程式
$$(v')^2+v^2=1$$
は，$\dfrac{dv}{\sqrt{1-v^2}}=d\theta$ のように**変数分離**（§29）できる．ゆえに (39.2) を用いて

$$\arcsin v = \theta+\theta_0 \quad (\theta_0=\text{定数})$$

が得られる．これを，(45.12) および (45.6)[5] と組合わすと

$$\begin{cases} v(\theta) = \sin(\theta+\theta_0), \\ \sqrt{2E+C^{-2}}\cdot v(\theta) = u(\theta) = Cr(\theta)^{-1}-C^{-1} \end{cases}$$

が得られた．積分定数 θ_0 を $\dfrac{\pi}{2}$ にとると，$\sin(\theta+\theta_0)=\cos\theta$．ゆえに上式を $r(\theta)$ について解くと

(45.13)　$r(\theta) = C^2(1+e\cdot\cos\theta)^{-1}, \quad e=\sqrt{2EC^2+1}$

が得られた．

註1　$2E+C^{-2}>0$ としてあったから，面積速度 $\dfrac{C}{2}>0$ ならば $e>0$ である．前節に述べたように，<u>$0<e<1$ ならば惑星（地球）の軌道は楕円である．そして $e=1$ のときは軌道は抛物線</u>，また $e>1$ ならば軌道は双曲線の一つの枝である．このあとの方の二つは，大きい初速度で発射されて地球から脱出する人工衛星の場合，または遠方から地球に近づいて来てまた無限の遠方へ遠ざかってゆく彗星のごときものがモデルになるのであろう．

いずれにしろ,現実に太陽から無限に遠ざかっては行かない地球の軌道は楕円の場合になるわけで,ケプラーの第1法則が証明されたことになるのである.

註2 さきに除いてあった $\dot{r}=0$ すなわち $r=$ 定数は,惑星が太陽のまわりの円運動をする場合にあたる.また $\dot{\theta}=0$ すなわち, $\theta=$ 定数の場合は,惑星が太陽と結ぶ直線上を運動している場合にあたる.

ケプラーの第3法則の証明 面積速度が $\dfrac{r^2\dot{\theta}}{2}=\dfrac{C}{2}$ であることから,

(45.14) $\begin{cases} \text{楕円運動の周期 } T \text{ は,楕円の面積を } A \text{ と} \\ \text{すると,} A \div \dfrac{C}{2} = \dfrac{2A}{C} \text{ に等しい} \end{cases}$

ところが,よく知られているように楕円の面積は πab である.また,(44.1) によって

$$a = p(1-e^2)^{-1}, \quad b = p(1-e^2)^{-1/2}$$

であることが容易にわかるので,楕円 (45.13) では $C=p^{1/2}$ であることから

$$A = \pi p^2(1-e^2)^{-3/2} = \pi C^4(1-e^2)^{-3/2}$$

となるので

$$T = \frac{2A}{C} = 2\pi C^3(1-e^2)^{-3/2}$$
$$= 2\pi p^{3/2}(1-e^2)^{-3/2}$$

となる.

また地球から太陽までの平均距離を,(44.1) の r の最大値と最小値の算術平均

$$m = 2^{-1}(p(1+e)^{-1}+p(1-e)^{-1}) = p(1-e^2)^{-1}$$

であるとすると,これは (44.1) の $p=a(1-e^2)$ によって,楕円の<u>長軸</u> a に等しい.このようにして,**ケプラーの第3法則**

$$T = 2\pi a^{3/2}$$

が得られるのである. ∎

註 上には月の引力による影響は無視して,太陽と地球の引力関係だけに限定した議論をして来た.しかもこの**二体問題**を,太陽が固定しているとして扱ったのであった.*月をも含む**三体問題**となると,三体が特別な配置にある場合を除き,これを完全に数学的に扱うことは著しく困難になる.もちろん,短い期間における近似的な数値計算は,コンピューター技術の発展もあって精緻をつくしていることは,月や火星に人工衛星を着陸させていることからも明らかであろう.

---

* 太陽も動くとした真の二体問題の扱いについては,ゾンマーフェルトの『力学』(高橋安太郎訳,講談社) の p.45 を見よ.

導関数・原始関数の表

導関数 $f(x)=F'(x)$	原始関数 $F(x)=\int f(x)dx$
0	C（定数）
nx^{n-1}	x^n
$x^n \ (n\neq -1)$	$x^{n+1}/(n+1)$
$1/x$	$\log|x|$
$(\log_a e)/x$	$\log_a |x|$
$\log x$	$x(\log x - 1)$
$\exp x = e^x$	$\exp x = e^x$
$a^x \log a$	$a^x \ (a>0)$
$x^x(1+\log x)$	x^x
xe^x	$(x-1)e^x$
$\cos x$	$\sin x$
$-\sin x$	$\cos x$
$\sec^2 x = 1/\cos^2 x$	$\tan x$
$-\operatorname{cosec}^2 x = -1/\sin^2 x$	$\cot x = \cos x/\sin x$
$\cosh x = (e^x+e^{-x})/2$	$\sinh x = (e^x-e^{-x})/2$
$\sinh x = (e^x-e^{-x})/2$	$\cosh x = (e^x+e^{-x})/2$
$\operatorname{sech}^2 x = 1/\cosh^2 x$	$\tanh x = \sinh x/\cosh x$
$-\operatorname{cosech}^2 x = -1/\sinh^2 x$	$\coth x = \cosh x/\sinh x$
$1/\sqrt{1-x^2}$	$\arcsin x \ (|F|<x/2)$
$-1/\sqrt{1-x^2}$	$\arccos x \ (0<F<\pi)$
$1/(1+x^2)$	$\arctan x \ (|F|<\pi/2)$
$-1/(1+x^2)$	$\operatorname{arccot} x \ (|F|<\pi/2)$

導関数 $f(x)=F'(x)$	原始関数 $F(x)\int f(x)dx$
$1/\sqrt{x^2+1}$	$\log(x+\sqrt{x^2+1})$
$1/\sqrt{x^2-1}$ $(|x|>1)$	$\log(x+\sqrt{x^2-1})$
$1/(1-x^2)$ $(x\neq\pm 1)$	$\dfrac{1}{2}\log\left|\dfrac{1+x}{1-x}\right|$
$\sqrt{1-x^2}$ $(|x|\leq 1)$	$\dfrac{1}{2}(x\sqrt{1-x^2}+\arcsin x)$
$\sqrt{x^2-1}$ $(|x|\geq 1)$	$\dfrac{1}{2}(x\sqrt{x^2-1}-\log|x+\sqrt{x^2-1}|)$
$\sqrt{x^2+1}$	$\dfrac{1}{2}(x\sqrt{x^2+1}+\log(x+\sqrt{x^2+1}))$
$\tan x$	$-\log|\cos x|$
$\cot x$	$\log|\sin x|$
$x\sin x$	$\sin x-x\cos x$
$x\cos x$	$\cos x+x\sin x$
$\sin mx\cdot\cos nx$ $(n^2\neq m^2)$	$(n\sin mx\cdot\sin nx+m\cos mx\cdot\cos nx)/(n^2-m^2)$
$e^{bx}\sin ax$	$e^{bx}\dfrac{b\sin ax-a\cos ax}{a^2+b^2}$
$e^{bx}\cos ax$	$e^{bx}\dfrac{b\cos ax+a\sin ax}{a^2+b^2}$

註 上の表において $\sinh x, \cosh x, \tanh x$ はそれぞれ，双曲線正弦，双曲線余弦，双曲線正弦 x と読む．これらは**双曲線関数**（hyperbolic functions）に属する．なお，上の表の成り立つことは，右欄の関数 F を微分して確かめられる．

問および練習問題解答

第Ⅰ編
練習問題
1. (1) $2x$ (2) $6x^2$ (3) $6x$ (4) $2x$ (5) $4x^3+2x$ (6) $5x^4+4x^3$
   (7) $4x^3+6x^2$ (8) $3x^2+6x+1$ (9) $\dfrac{-1}{(x+1)^2}$ (10) $\dfrac{-2}{(x+2)^2}$

3. $D(x^4+x^3)=4x^3+3x^2, D(x^2+x)=2x+1$ を用いよ.

第Ⅱ編
Ⅱ₁ 微分法の練習問題
(1) $\dfrac{x}{\sqrt{x^2+1}}$ (2) $\dfrac{1-x}{2\sqrt{x}(x+1)^2}$

(3) $\dfrac{1}{4\sqrt{2+\sqrt{x}}\cdot\sqrt{x}}$ (4) $-\dfrac{1}{(\sqrt{x}-1)^2\cdot\sqrt{x}}$

問題 (91 ページ)
$\sqrt{3}=1.732050\cdots$ $\sqrt{5}=2.236067\cdots$
$\sqrt[3]{3}=1.442249\cdots$ $\sqrt[4]{5}=1.495348\cdots$

Ⅱ₃ 対数関数と指数関数の練習問題 1

(1) $\log_a b=x, \log_b a=y$ から $a^x=b, b^y=a$, ゆえに $a^{xy}=b^y=a$, 底 a は 1 でない正数であるから, $a^{xy}=a$ が成り立つときは $xy=1$.

(2) $(e^{x\log x})'=e^{x\log x}\cdot(x\log x)'=e^{x\log x}(\log x+1)=x^x(\log x+1)$

(3) $x>1$ ならば $e^{x\log x}(\log x+1)$ は >1 であるから明らか.

(4) (i) $e^{e^x}\cdot e^x$ (ii) $\dfrac{1}{\log x}\cdot\dfrac{1}{x}$

(5) (i) $e^x\big|_0^{\log 2}=2-1=1$ (ii) $b\log b-a\log a-(b-a)$

   (iii) $x+4\log(x-4)$ (iv) $\dfrac{1}{2}\log\dfrac{x-1}{x+1}$

   (v) $\dfrac{e^2}{4}+\dfrac{1}{4}$ (vii) $\displaystyle\int\dfrac{1}{1+e^x}dx=\int\dfrac{1}{1+t}\cdot\dfrac{1}{t}dt=$
   $\displaystyle\int\left(\dfrac{1}{t}-\dfrac{1}{t+1}\right)dt=\log\dfrac{t}{t+1}=\log\dfrac{e^x}{e^x+1}$

(6)　$\log 3 = 1.098612\cdots$　　(7)　$\log 4 = 1.386294\cdots$

(8)　(i)　$y(x) = x$　　(ii)　$y(x) = \dfrac{1}{1-\log x}$

　　(iii)　$y(x) = e^{-1/2} e^{x^2/2}$

(9)　(i)　$y(x) = -\dfrac{1}{2} e^{-2x} + \dfrac{3}{2}$　　(ii)　$y(x) = \dfrac{2}{3} e^{3x} - \dfrac{2}{3}$

　　(iii)　$y(x) = \left(c - \dfrac{b}{a}\right) e^{-ax} + \dfrac{b}{a}$

　　(iv)　$y(x) = \dfrac{e^x}{3} + \dfrac{2}{3} e^{-2x}$

　　(v)　$y(x) = e^{3x} \cdot \left(\displaystyle\int_0^x t^4 e^{-3t} dt + 2\right)$

　　(vi)　$y(x) = c e^{-ax} + b e^{-ax} \cdot \displaystyle\int_0^x t^3 e^{at} dt$

II₃　対数関数と指数関数の練習問題 2

(1)　$\displaystyle\int_\varepsilon^1 \dfrac{1}{t^2} dt = \dfrac{-1}{t}\Big|_\varepsilon^1 = -1 + \dfrac{1}{\varepsilon}$ により $\displaystyle\lim_{\varepsilon \to +0} \int_\varepsilon^1 \dfrac{1}{t^2} dt = +\infty$. よって広義積分 $\displaystyle\int_0^1 \dfrac{1}{t^2} dt$ は存在しない.

(2)　$\displaystyle\int_1^a \dfrac{1}{t^{2/3}} dt = 3 t^{1/3}\Big|_1^a$ により $\displaystyle\lim_{a \to +\infty} \int_1^a \dfrac{1}{t^{2/3}} dt = +\infty$ であるから, 広義積分 $\displaystyle\int_1^\infty \dfrac{1}{t^{2/3}} dt$ は存在しない. (3)の積分は存在する.

(4)　$\displaystyle\int_\varepsilon^1 \dfrac{\log t}{t^{1/2}} dt$ は $\log t = s$ とおいて $= \displaystyle\int_{\log \varepsilon}^0 s e^{s/2} \cdot 2 ds = s \cdot 2 e^{s/2}\Big|_{\log \varepsilon}^0$
$- \displaystyle\int_{\log \varepsilon}^0 2 e^{s/2} ds = -\log \varepsilon \cdot 2\sqrt{\varepsilon} - 4 e^{s/2}\Big|_{\log \varepsilon}^0 = -\log \varepsilon \cdot 2\sqrt{\varepsilon} - 4(1 - \sqrt{\varepsilon})$.　ゆえに $\varepsilon \to 0$ として広義積分 $\displaystyle\int_0^1 \dfrac{\log t}{t^{1/2}} dt = -4$.

(5)　$0 < \displaystyle\int_1^\infty t e^{-t^2} dt < \int_0^\infty t e^{-t} dt = -t e^{-t}\Big|_0^\infty + \int_0^\infty e^{-t} dt = -e^{-t}\Big|_0^\infty = 1$ だから広義積分が存在して < 1.

(6)　$0 < \displaystyle\int_1^\infty t^2 e^{-t^2} dt < \int_0^\infty t^2 e^{-t} dt = -t^2 e^{-t}\Big|_0^\infty + \int_0^\infty 2 t e^{-t} dt = -2 t e^{-t}\Big|_0^\infty$
$+ 2 \displaystyle\int_0^\infty e^{-t} dt = -2 e^{-t}\Big|_0^\infty = 2$. よって広義積分が存在して < 2.

II₄ 円周運動と三角関数の練習問題

(5) $f(x)=\sin x+\cos x$ が極大,極小になる x では $f'(x)=\cos x-\sin x=0$ すなわち $\cos x=\sin x$ が成り立つので,$\sin^2 x+\cos^2 x=1$ に代入して,$\sin^2 x=\cos^2 x=\dfrac{1}{2}$ となる.すなわち $\sin x=\pm\dfrac{1}{\sqrt{2}}$,$\cos x=\pm\dfrac{1}{\sqrt{2}}$.これから $f(x)$ の最大値は $2\dfrac{1}{\sqrt{2}}=\sqrt{2}$,最小値は $-\sqrt{2}$ で,前者は $x=\dfrac{\pi}{4}+2n\pi$ において,また後者は $x=\dfrac{\pi}{4}+(2n+1)\pi$ で f がとる値である.

(6) (i) 0 (ii) 2

(7) (i) $\dfrac{\pi}{4}$ (ii) $\dfrac{1}{2}$ (iii) $\dfrac{\pi}{4}$

(8) $\dfrac{\pi}{2}+1$

(9) $\displaystyle\int_0^{\frac{\pi}{2}}\cos^2 t\,dt=\dfrac{\pi}{4}$

(10) $\displaystyle\int_0^{\frac{\pi}{4}}\tan x\,dx=-\int_0^{\frac{\pi}{4}}(\log\cos x)'dx=\dfrac{1}{2}\log 2$

(11) 1.0004962…

(12) 0.5839603…

II₅ 一次元の力学(振動と回路)の練習問題

(1) $x'-x=0$ の解 $x(t)=Ce^t$ が $x'-x=(2t-1)e^{t^2}$ を満足するように,C に定数変化法(§28)を施して,$C'(t)e^t+C(t)e^t-C(t)e^t=(2t-1)e^{t^2}$.ここから $C'(t)=(2t-1)e^{t^2-t}$,したがって

$$x(t)=e^t\cdot\left(\int_0^t(2u-1)e^{u^2-u}du+\text{定数 }C_1\right)$$

これで初期条件 $x(0)=2$ を満足するように C_1 を定めて,求める解は

$$x(t)=2e^t+e^t\cdot\int_0^t(2u-1)e^{u^2-u}du$$

(2) $x''+x=0$ の特性方程式 $\lambda^2+1=0$ から,$x''+x=0$ の基本解系 $x_1(t)=\sin t$,$x_2(t)=\cos t$ を得て,$x_1(t)x'_2(t)-x_2(t)x'_1(t)=-1$.$x(t)=C_1\sin t+C_2\cos t$ が,$x''+x=\sin 3t$ を満足するように C_1,C_2

に定数変化法 (37.27) を施して
$$C_1'(t) = \frac{-\sin 3t \cdot \cos t}{-1}, \quad C_2'(t) = \frac{\sin 3t \cdot \sin t}{-1}$$
を得るので,
$$x(t) = \sin t \cdot \left(\int_0^t \sin 3u \cdot \cos u \, du + 定数 \widehat{C}_1 \right)$$
$$+ \cos t \cdot \left(-\int_0^t \sin 3u \cdot \sin u \, du + 定数 \widehat{C}_2 \right)$$

この $x(t)$ が初期条件 $x(0)=0$, $x'(0)=1$ を満足するように $\widehat{C}_1, \widehat{C}_2$ を定めると, $\widehat{C}_1=1$, $\widehat{C}_2=0$. ゆえに求める解は
$$x(t) = \sin t \cdot \left(\int_0^t \sin 3u \cdot \cos u \, du + 1 \right)$$
$$- \cos t \cdot \int_0^t \sin 3u \cdot \sin u \, du$$

(3) $x''+4x'=0$ の特性方程式 $\lambda^2+4\lambda=0$ から, $x''+4x'=0$ の基本解系 $x_1(t)=e^{-4t}$, $x_2(t)=1$ を得て $x_1(t)x_2'(t)-x_1'(t)x_2(t)=4e^{-4t}$. $x(t)=C_1e^{-4t}+C_2$ が, $x''+4x'=e^{2t}$ を満足するように C_1, C_2 に定数変化法 (37.27) を施して
$$C_1'(t) = \frac{-e^{2t} \cdot 1}{4e^{-4t}} = -\frac{e^{6t}}{4}$$
$$C_2'(t) = \frac{e^{2t} \cdot e^{-4t}}{4e^{-4t}} = \frac{e^{2t}}{4}$$
を得るので,
$$x(t) = e^{-4t} \cdot \left(\int_0^t -\frac{1}{4} e^{6u} du + 定数 \widehat{C}_1 \right)$$
$$+ \int_0^t \frac{1}{4} e^{2u} du + 定数 \widehat{C}_2$$

この $x(t)$ が初期条件 $x(0)=1, x'(0)=\frac{1}{4}$ を満足するように, $\widehat{C}_1, \widehat{C}_2$ を定めると, $\widehat{C}_1=-\frac{1}{16}, \widehat{C}_2=\frac{17}{16}$. ゆえに求める解は

$$x(t) = e^{-4t}\left(-\frac{1}{4}\int_0^t e^{6u}du - \frac{1}{16}\right)$$
$$+\frac{1}{4}\int_0^t e^{2u}du + \frac{17}{16}$$

補註 上の (2), (3) の解法は, 定数 m, r, k の符号の正・負・0 にかかわらず ($m \neq 0$ のとき)

$$mx'' + rx' + kx = f(t) \quad (f\text{ は連続関数})$$

の初期値問題にそのまま適用されるのみならず, **定数係数の n 階線形微分方程式**

$$x^{(n)} + a_1 x^{(n-1)} + a_2 x^{(n-2)} + \cdots + a_n x = f(t)$$

を初期値

$$x(0) = b_0, \ x'(0) = b_1, \cdots, x^{(n-1)}(0) = b_{n-1}$$

に対して解く**定数変化法**に拡張されることがわかっている. たとえば拙著『微分方程式の解法 (第2版)』(岩波) の第2章を見られたい. この解法を, 簡単な代数的計算と不定積分だけで行なうようにした **J. Mikusiński** (1913-1987) の演算子法もこの書物 (p. 67-76) に解説してある. この演算子法は最近さらに簡単にされた*.

II₆ 数値計算の練習問題

(1) (i) $\dfrac{\pi}{6}$ (ii) $\dfrac{\pi}{4}$ (iii) $\dfrac{2}{\sqrt{3}}$ (iv) $\sqrt{2}$

(2) (i) $\dfrac{\pi}{3}$ (ii) $\dfrac{\pi}{4}$ (iii) $\dfrac{-2}{\sqrt{3}}$ (iv) $-\sqrt{2}$

(3) (i) $\dfrac{\pi}{4}$ (ii) $\dfrac{\pi}{6}$ (iii) $\dfrac{\pi}{3}$ (iv) $\dfrac{1}{2}$ (v) $\dfrac{3}{4}$

    (vi) $\dfrac{1}{4}$

(6) $\log 3 = 1.098612\cdots$

(7) $\sqrt[5]{3} = 1.245730\cdots$

---

* Kôsaku YOSIDA and Shuichi OKAMOTO: A Note on Mikusiński's Operational Calculus, Proc. Jap. Acad., (日本学士院記事) 56, Ser. A, No. 1 (1980), p. 1-3. **抽象代数**の簡単な予備知識が必要であるが.

あとがき 本書では，特殊な平面図形の面積や，回転体など特殊な立体図形の体積や表面積などの扱いには触れなかった．これらは，大学入試などの関係もあって，高校などで十分に学んでいると思われるので，頁数の関係なども考慮して意識的に外したのであった．これらいわば statics に関連したものは高校の教科にゆずって，高校数学では学習しない dynamics に関連した事項や数値計算が，すでに高校で学んだ人達の微分積分法へのよい補いになると考えて，これらを本書に取り入れたのであった．

なお本書では，実数の連続性について随所にその意義を述べておいたが，実数論の叙述は省いた．本文中にも述べたように，ワイヤストラス，カントール，デデキントによって実数論が確立したのは約 100 年程前のことなので，その頃まではニュートン，ライプニッツ以来の大数学者たちといえども実数のことは直観的にしか知ってはいなかったのである．しかし実数論に興味をもたれた読者は，本書のなかに引用したような書物に限らず，理工学系の大学初年級程度の微分積分法の書物にはいずれにも述べられていることであろうから，それらを見て頂きたい．

解　説

俣　野　博

　本書は，戦後の日本を代表する数学者の一人として解析学の分野に大きな足跡を残した著者による，やや異色の微分積分法の入門書である．1981年に講談社からハードカバー本として刊行された本書が，このたび筑摩書房から文庫本の形で復刊されることになった．入門書とはいえ，本書には解析学の大家である著者の個性が随所ににじみ出ており，語りかけるような口調で読者を惹きつける魅力がある．この本が，文庫本という手に入りやすい形でふたたび世に出るのは喜ばしい限りである．

　著者の吉田耕作先生（1909-1990）は，解析学，とくに関数解析学の分野の国際的な第一人者であり，戦後わが国の数学界の重鎮として，日本の数学の発展に長年にわたり尽力された方である．その業績は多岐にわたるが，とりわけ1948年に発表された線型作用素の半群に関する理論は，今日「Hille - 吉田の定理」として広く知られており，発展方程式論と呼ばれる新しい分野を生み出して解析学の世界に一つの時代を築いた．著書も多く，シュプリンガー社から出版された"Functional Analysis"（1965年初版）は，関数

解析学の名テキストとして世界中で読まれている．

本書に話を戻そう．この本は，高校で微分積分を習ったことがある読者を対象にした微分積分法の解説書である．高校で習った内容を整理し，より深めて，微分積分法を活用する力を養うことを目指している．また，座標平面と関数のグラフの説明など，中学高校で習う内容の復習も含まれており，高校の微積分を忘れていても，思い出しながら読めるかもしれない．なお，本書では独立変数が一つの場合だけを扱っている．

本書の特色は，一つはその文体にある．簡潔で理路整然とした教科書風のスタイルでなく，著者が相手に語りかけるような親しみやすい文体で書かれている．読み進めていくと，まるで著者の講義を聴いているような気分になる．さらに内容面での特色として，本書では実数の連続性に依拠した現代流の議論をなるべく使わず，「まえがき」で述べられているように，微分積分の創始者の一人であるニュートンのアイデアに則した説明に重点が置かれている．また，微分積分法の入門書でありながら，単なる微分積分の解説に終わらず，微分方程式や数値計算の記述にかなりのページ数を割いているのも本書の特徴である．

本書は，第Ⅰ編と第Ⅱ編に分かれている．第Ⅰ編のタイトルは「関数の変化率から微分積分法の基本定理まで」で，第Ⅱ編のタイトルは「微分積分法の基本定理の強化と活用」である．第Ⅱ編は，さらに七つの章に分かれていて，それぞれの章に，$Ⅱ_1$ 微分法，$Ⅱ_2$ 積分法，$Ⅱ_3$ 対数関数と指

数関数, II₄ 円周運動と三角関数, II₅ 一次元の力学（振動と回路）, II₆ 数値計算, II₇ 二次元の力学（軌道と人工衛星）というタイトルがついている.

　第Ⅰ編は本書全体の基礎をなす部分で, 微分と積分の定義や関数の連続性について, 歴史的背景を交えた説明があり, 最後に微分積分法の基本定理が証明される.

　第Ⅰ編の冒頭は, 微分積分法の誕生前夜にガリレイが行った落体運動の研究の話で始まる. ガリレイは, 多くの実験を重ねて, 物体が落下する速さは（空気抵抗を無視すると）その物体の重さによらないこと, そして落下距離が時間の2乗に比例するという法則を発見したが, これは実証科学という, 17世紀以降めざましく発展した新しい学問に道を開く画期的な成果であった. 本書では次いでニュートンが登場し, 彼が考えた「瞬間速度」の概念を用いると, ガリレイの法則は, 速度が時間に比例して大きくなるという形で表現できることが示される. そして瞬間速度の概念が, もっと一般の量の瞬間変化率, すなわち微分の概念へと発展するという話に続く.

　瞬間速度を一般化して微分の概念に到達したニュートンのアイデアは, 多くの高校の教科書にも簡単に取り上げられているが, 本書ではこの辺りの経緯が, かなりていねいに説明されている. なお, 本書では, 関数 $f(x)$ の平均変化率を「ニュートン商」と呼んで次の式で表している.

$$f_\delta(a) = \frac{f(a+\delta)-f(a)}{\delta}$$

このニュートン商を用いると，関数の微分商は

$$f'(a) := \lim_{\delta \to 0} f'_\delta(a)$$

という形に表すことができる．

　第Ⅰ編では，この後，連続関数の中間値の定理が証明される．ただしその証明は，グラフを用いた直観的な議論によるものである．また，本書では，いたるところ $f'(x) > 0$ なら $f(x)$ は増加関数であるというよく知られた事実を，やはりグラフを用いて示している．現代の微分積分法の教科書では，この事実を平均値の定理を用いて証明するのが標準的であり，著者もそのことを指摘しているが，平均値の定理を厳密に証明するには実数の連続性を使う必要性があるので，本書ではこれを避けた旨が書かれている．たしかに平均値の定理を使うと証明は簡単になるが，グラフを用いた証明は直観的でわかりやすい．

　本書では，また，ニュートンは「関数」や「微分」という言葉を使わず，変化する量を流量（fluent）と呼び，その瞬間変化率を流率（fluxion）と呼んだことや，関数や微分という言葉はライプニッツが初めて使ったことなどが述べられている．

　第Ⅰ編の後半では，関数 f の積分が，f のグラフと x 軸が囲む図形の面積を用いて定義される．次に，f が連続で単調非減少（すなわち広義単調増加）であれば，この面積が確定し，f の積分がきちんと定義できることが図を用いてていねいに証明される．実は f が単調でなくても，連続

でさえあれば積分が定義できるが，それを厳密に示すには一様連続性の概念が必要となる．しかし連続性と一様連続性の区別は初学者には理解しにくいので，そこを誤魔化した説明をすると初学者を惑わす恐れがあるという配慮から，一様連続性を使わなくても厳密な議論ができる単調関数の場合に話をしぼったものと思われる．

次に f の不定積分

$$\int_a^x f(t)dt$$

が，やはり面積を用いて定義される．高校の教科書の定義と違うので注意が必要である．面積を用いたこちらの定義が本来の定義である．そしていよいよ最後に，ニュートンとライプニッツが発見した微分積分法の基本定理が証明される．この定理は，英語で "fundamental theorem of calculus" といい，「微分積分学の基本定理」と訳されることも多い．周知のように，この定理は次の二つの主張からなる．

(1) f が連続なら $\dfrac{d}{dx}\int_a^x f(t)dt = f(x)$,

(2) $F'(x) = f(x)$ なら $\int_a^b f(t)dt = F(b) - F(a)$.

上の (1) は，連続関数 f の不定積分が f の原始関数であることを意味している．(2) は，もし f の原始関数が一つでも見つかれば，それを用いて f の積分が表されることを意味している．なお，本書では，先に述べた理由から，この定理は区分的に単調な連続関数に対してのみ証明されてい

る。微積分をより一般的な形で学びたい読者には、この点は少々歯がゆいかもしれないが、これは著者の教育的配慮によるものである。必要なら他の教科書で補えばよい。

微分積分法の基本定理は、面積を計算する操作と、ある量の瞬間的変化率を与える操作が実は互いに逆の操作であることを明らかにした画期的な大発見であり、この定理により、図形の面積を求める統一的な手法が得られただけでなく、ニュートンの運動方程式のような微分方程式の解を積分で求めることが可能となった。積分のルーツである求積の考え方は古来からあり、また、微分の萌芽的アイデアも以前からあったが、この両者が結びついたことにより、微分積分法という新しい学問が生まれ、その後の数学の性格を大きく変えるとともに、17世紀から始まったヨーロッパの科学革命を支える基盤の一つとなった。

なお、高校の数学の教科書では、積分を面積（区分求積法）で定義せず、不定積分を原始関数と同義語として定義し、定積分を原始関数を用いて上の (2) 式で定義している。その後で、定積分と面積との関係を図を用いて簡単に説明するという順序である。微分積分の難しい部分を避けて生徒に受け入れやすくするためであるが、これにより、微分積分法の基本定理の真の意義が高校の教科書では見えなくなってしまっている。

さて第Ⅱ編では、最初の二つの章で微分と積分の基本性質について述べている。微分積分の加法性や積の公式など、高校で習った内容の復習も多いが、テイラー展開につ

いての解説も含まれている．

次に II$_3$ で対数関数と指数関数を，II$_4$ で三角関数を学ぶ．著者は「まえがき」で，「微分積分法を活用する上で最も大切なことの一つは，多項式や有理関数のみならず，対数関数，指数関数および三角関数などのいわゆる初等関数に習熟することである」と書いている．この方針にしたがって，これらの関数について詳しい解説がなされている．高校の数学とやや異なる点は，まず自然対数を積分

$$\log x = \int_1^x \frac{1}{t} dt$$

で定義し，その逆関数として指数関数 $\exp(y)$ を定義していることである．この定義から，対数公式 $\log(ab) = \log a + \log b$ がすぐに従い，そこから指数公式

$$\exp(y+z) = \exp(y)\exp(z)$$

が直ちに得られる．また，この公式から，関数 $\exp(x)$ が e^x というベキの形で表されることがわかる．著者は，自然対数の底 e の値を電卓で計算してみせている．また，$\log(1+x)$ のテイラー展開を用いて

$$\log 2 = 1 - \frac{1}{2} + \frac{1}{3} - \frac{1}{4} + \cdots$$

と書けるのはよく知られているが，この級数の収束は遅いので，テイラー展開を少し変形して得られる次の公式を用いて電卓で値を計算している．

$$\log 2 = 2\left\{\frac{1}{3} + \frac{1}{3} \cdot \frac{1}{3^3} + \frac{1}{5} \cdot \frac{1}{3^5} + \cdots\right\}$$

解析学の世界的大家が，自分のポケット電卓でこれらの値をコツコツと計算している姿を想像するのは楽しい．

第II_5章は微分方程式の話で，ニュートンの運動方程式から導かれる単振動の方程式や，摩擦がある場合の減幅（減衰）振動などの線形方程式の解法が述べられる．

第II_6章は数値計算を扱っている．まずウォリスの公式を導いた後，スターリングの公式 $n! \sim \sqrt{2\pi} n^{n+\frac{1}{2}} e^{-n}$ が証明される．スターリングの公式は，2項分布が正規分布に収束することの証明などに使われ，統計力学などの分野で重要な公式であるが，これを初等的な方法で証明するには，かなりの工夫を要する．また，数値積分に関する有名なシンプソン公式の誤差評価の証明もきちんと書かれており，ここまでくると，けっこう読み応えがある．また，著者自身が，これらの公式を用いてポケット電卓で計算した π や $\log 2$ の近似値も載っている．

第II_7章は，ふたたび微分方程式に戻り，空気抵抗がある場合の弾道の軌跡や，ケプラーの惑星運動の3法則を2体問題の微分方程式から導く話が載っている．後者は非線形の方程式である．ニュートンは，大著『プリンキピア』で高い所から水平に発射された物体は，初速がじゅうぶん大きいと地球を回る軌道を描き，さらに大きな初速を与えると，二度と地球に戻ってこないことを述べている．つまり地球を周回する人工衛星の可能性を300年以上前に予言していたわけで，本書にはこうした話も載っていて面白い．微積分の入門書で，微分方程式の定性的理論まで論じ

ている本は,稀少といえよう.

　微分積分法が生まれた当時は,その根底にある極限や瞬間変化率の概念は哲学的に難解であり,また,ライプニッツが用いた無限小という言葉も意味があいまいであった.このため,微分積分法そのものの論理的正当性を疑い,その考え方をきびしく批判する人は少なくなかった.微分積分法の発展の礎を築いたニュートンやライプニッツでさえ,その基本概念の意味をきちんと説明することはできなかったのである.そもそも,17世紀の当時は,はっきりした関数概念すら芽生えていなかった.初期の頃は,関数といえば特定の具体的な式で書けるものだけを意味したのである.関数の概念は,時代とともに次第に成熟していき,19世紀に入ると,ようやく極限の概念が明確に定義され,連続関数の概念も現れた.しかし実数の本質が明らかにされ,微分積分法の基礎概念が整備されて現在の形に近づくのは19世紀後半から20世紀初めにかけてのことである.この辺の経緯は,『関数とは何か——近代数学史からのアプローチ』(岡本久・長岡亮介著,近代科学社)に詳しく述べられている.この本は,二次資料だけでなく,膨大な数の原典を精査して書かれた出色の数学史の論考であり,一読をお勧めする.

　このように,微分積分法の論理的基盤が完成するまでにニュートン,ライプニッツの時代から優に200年を要したが,そうした概念的整理ができあがる以前から,微分積分法はベルヌーイやオイラー,ラグランジュ,ラプラスら多

くの人たちの手を経てめざましく発展し，解析学の豊かな世界が形成されていった．その豊かな世界を知り，そこから果実を得るためには，単に一般論の論理的な整合性に魅せられるだけでは不十分で，身近な関数の扱いに習熟し，自分でいろいろな計算をしてみることが大切である．本書には，著者のそうしたメッセージが強く込められている．

(またの・ひろし／東京大学大学院数理科学研究科教授)

索 引

ア 行

arctan y のテーラー級数展開 221
アメーバ増殖型の微分方程式 141
一次結合 193
一次元の力学 82
一般指数関数 126
一般冪関数 124
e の値の計算 128
ヴァレ・プッサン 185
上に凹 86
ウォリスの公式 209
運動エネルギー 262
運動量 262
a を底とする x の対数 127
枝 258
エネルギー保存の原理 263
円弧 163
円錐曲線 255
オイラー公式 183
同じ位数 154

カ 行

開区間 33
階乗 $n!$ 108
階乗 $n!$ の大きさ 157
階段状図形 59
解の一意性 138
回路 207
角運動量 263
角運動量の保存の原理 263, 264
角の正負 165
角の単位ラジアン 163
角領域 163
過剰和 62
加速度 83
傾き 36
割線 36, 87
割線の方向係数 36
加法定理 119, 171
ガリレイ 15
ガリレイの法則 16
関数 20, 29, 47
関数の縦線図形の面積 48
関数の微分可能性 27
関数の連続性 27, 28
函数論 183
カントール 66
ガンマ関数 162
起電力 207
軌道 246, 249
基本解系 196
逆関数 78
逆関数の微分法 78
逆数の微分法 72
逆正弦関数 218
逆正接関数 219
逆余弦関数 219
共振 207
強制振動 207
極限 24, 33
極座標 264
極座標による双曲線の方程式 259
極座標による楕円の方程式 257
極座標による拋物線の方程式 260
極小 94

極小値 95
極小点 95
局所的最小値 95
局所的最大値 95
極大 94
極大値 95
極値 95
区分的に単調な関数 53
グラフ 31
クーラント 211
ケプラー 254
ケプラーの三大法則 254
ケプラーの第1法則 268
ケプラーの第1法則の証明 265
ケプラーの第3法則 268, 269
ケプラーの面積速度一定法則 264
原始関数 46
減少関数 40
原点 30
減幅 201
高階微分 83
広義の積分 158
合成関数 74
合成関数の微分法 74
勾配 36
$\cos\theta$ のテイラー展開 182
コーシー 23, 39, 66
コセカント 168
小平邦彦 186
ゴルディング 256, 265

サ 行

最小 93
最小値 94
最小点 94
最大 93
最大値 93

最大点 93
$\sin\theta, \cos\theta$ のグラフ 177
$\sin\theta$ のテイラー展開 179
座標 30
三角関数 167
三体問題 269
自己誘導 207
C. G. S. 単位 18
指数関数 exp の定義 118
指数関数のグラフ 123
指数関数のテイラー展開 130
自然数の対数の値の計算 133
自然対数 113, 128
下に凸 86
実数 120
実数の連続性 35, 43, 61, 121, 161, 238
実数論 66
実数論の基本定理 121
質点 83
質量 83, 192
周期関数 167
集合 33
10進法の小数 120
重力加速度 247
重力定数 18
循環小数 120
瞬間速度 19
瞬間変化率 22
焦点 256, 258
商の微分法 73
商品生産の限界費用 100
常用対数 127
初期位置 247
初期条件 140
初期速度 247
人工衛星 250

290   索　引

人口変動型の微分方程式　146
振動の微分方程式1
　（外力のない場合）　191
振動の微分方程式2
　（外力のある場合）　203
振幅　201
シンプソンの公式　226, 227
シンプソンの公式の誤差評価　232
数学的帰納法　72
数値積分　225
数直線　61
数表　173
スターリングの公式　158, 209, 211, 214
斉次線形二階常微分方程式　193
正弦　163
正弦関数　166
正接関数　167
正接関数についての加法定理　222
正の無限大　116
正・負の向き　165
セカント　168
関孝和　244
積の微分法　71
接線　37
接点　37
増加関数　39
双曲線　255, 258
双曲線の方程式　259
増減の判定条件　41
相対変化率　139
速度　19, 83
ゾンマーフェルト　269

タ　行

第1近似　88
第1象限　166
第 n 階の導関数　83
第3近似　89
第3象限　166
対数関数　111
対数関数の乗法定理　114
対数関数のテイラー展開　131
対数微分商　139
対数微分法　134
第二階の導関数　83
第二階微分　84
第2近似　89
第2象限　166
第4象限　166
楕円　255
楕円の焦点　256
楕円の方程式　256, 257
高い位数　154
高木貞治　183, 224
建部賢弘　225
多項式　29
縦線　30, 48
縦線図形　48
縦線図形の面積の定義　58
単位円　163
単振動　191
弾性係数　192
単調非減少　43
単調非増加　43, 194
小さい振動　192
力　83
置換積分　110
置換積分法　110
中間値の定理　35
直線　32
抵抗　207
定数変化法　203
定積分　48

定積分と原始関数との関係 54
定積分と不定積分 55
定積分の下端および上端 49
定積分の加法性1 101
定積分の加法性2 102
定積分の積分区間に関する加法性 102
定積分の被積分関数に関する加法性 102
定積分の不等式 103
定積分の変数変換公式 110
テイラー級数展開 110
テイラー展開 109
テイラー展開の剰余項 109
テイラーの定理 108
停留点 92
デデキント 66
電卓 90, 173, 224
電流の強さ 207
電流の方程式 208
導関数 24, 47
動径 165
ドゥ・モアーヴルの公式 175
特性方程式 195
凸関数 86

ナ 行

二項級数展開 184
二項係数 85
二体問題 269
ニュートン 17, 23, 39, 250
ニュートン商 20, 23
ニュートンの運動の法則 83
ニュートンの近似法 89
ニュートンの方法 236
ニュートンの流量と流率 47
ニュートン比 20

ハ 行

π の近似値 230, 231
π の数値計算 221
背理法 42
発展方程式 139
万有引力の仮設 255, 261
低い位数 154
非斉次項 193
非斉次項のある一階線形常微分方程式 139
非斉次線形二階常微分方程式 193
微分 39
微分可能 22
微分係数 38, 39
微分商 22, 23
微分積分法の基本定理(または基本公式) 57
微分方程式 137
複素数関数論 183
複素数項級数 183
不足和 62
不定積分 55
負の無限大 117
部分積分 104
部分積分の公式 104
平均速度 18
平均値の定理 65
平均変化率 21
閉区間 33
平方根,立方根などの近似値 88
ベックマン 225
ベルス 65
変曲点 91
変数 20
変数分離 267
変数分離法 150, 151

放射性物質の半減期 137
拋物線 255
拋物線の方程式 259, 260
拋物体の運動 246
拋物体の最大到達距離 249
ボホナー 246

マ 行

摩擦係数 192
マーチン 222
マーチンの式 223
峰と谷 95
三村征雄 79
無限小 156
無限小の位数 155
無限大の位数 153
無理数 120
無理数冪 122

ヤ 行

矢野健太郎 256
有限増加公式 65
有理数 120
容量 207
余弦 163
余弦関数 166
横軸 30
横線 30

吉田洋一 183
余接関数 167

ラ 行

ライプニッツ 39
ライプニッツの級数 222
ライプニッツの公式 84
落体の法則 45
ラグランジュ 23, 39, 66
ラグランジュの定数変化法 140
ラジアン 163
ラジアンの定義 164
ラックス 65, 99
ラング 21
離心率 258
臨界値 93
臨界点 92
$\sqrt[3]{2}$ の近似 90
$\sqrt{2}$ の近似 89
連続である 28
$\log x$ のグラフ 116
$\log 2$ の値 134
$\log 2$ の近似値 231

ワ 行

ワイヤストラス 65
惑星の運動 261
和の微分法 70

本書は一九八一年三月二十五日、講談社から刊行された。

数学序説
吉田洋一／赤攝也

数学は嫌いだ、苦手だという人のために。幅広いトピックを歴史に沿って解説。刊行から半世紀以上にわたり読み継がれてきた数学入門のロングセラー。(赤攝也)

ルベグ積分入門
吉田洋一

リーマン積分ではなぜいけないのか。反例を示しつつ、ルベグ積分誕生の経緯と基礎理論を丁寧に解説。いまだ古びない往年の名教科書。(山本義隆)

力学・場の理論
L・D・ランダウ／E・M・リフシッツ　水戸巌ほか訳

圧倒的に名高い「理論物理学教程」に、ランダウ自身が構想した入門篇があった！幻の名著「小教程」がいよいよ甦る。大教程2巻を簡潔にまとめた決定版教科書。(江沢洋)

量子力学
L・D・ランダウ／E・M・リフシッツ　好村滋洋／井上健男訳

非相対論的量子力学から相対論的理論までを、簡潔で美しい理論構成で登る入門教科書。「不確実性」に立ち向かう新しい学問＝統計学。世界的権威がその歴史・数理・哲学などの話題をやさしく解説。

統計学とは何か
C・R・ラオ　藤越康祝／柳井晴夫／田栗正章訳

ラング線形代数学（上）
サージ・ラング　芹沢正三訳

さまざまな現象に潜んでみえる線形代数入門。他分野への応用も幅広い。学生向けの教科書を多数執筆している大教師による具体的かつ平易に基礎・基本を解説。

ラング線形代数学（下）
サージ・ラング　芹沢正三訳

線形代数入門。他分野への応用も幅広い。学生向けの教科書を多数執筆している大教師による具体的かつ平易に基礎・基本を視野に入れつつ解説。

数と図形
Ｏ・ラーデマッヘル／Ｏ・テープリッツ　山崎三郎／鹿野健訳

『解析入門』でも知られる著者はアルティンの高弟だった。下巻では群・環・体の代数的構造を俯瞰する抽象の高みへと学習者を誘う。

ピタゴラスの定理、四色問題から素数にまつわる未解決問題まで、身近な「数」と「図形」の織りなす世界へ誘う読み切り22篇。(藤田宏)

幾何学の基礎をなす仮説について
ベルンハルト・リーマン　菅原正巳訳

相対性理論の着想の源泉となった、リーマンの記念碑的講演。ヘルマン・ワイルの格調高い序文・解説とミンコフスキーの論文「空間と時間」を収録。

エレガントな解答	矢野健太郎	ファン参加型のコラムはどのように誕生したか。師アインシュタインと相対性理論、パスカルの定理などやさしい数学入門エッセイ。
思想の中の数学的構造	山下正男	レヴィ=ストロースと群論？ ニーチェやオルテガの遠近法主義、ヘーゲルと解析学、孟子と関数概念……。数学的アプローチによる比較思想史。
熱学思想の史的展開1	山本義隆	熱の正体は？ その物理的特質とは？ 熱力学入門書としての評価も高い。著者による壮大な科学史。全面改稿。
熱学思想の史的展開2	山本義隆	熱力学はカルノーの一篇の論文に始まり骨格が完成していた。熱素説に立ちつつも、時代に半世紀も先行し理論のヒントは水車だったのか？ 〈磁力と重力の発見〉の著者による壮大な科学史。
熱学思想の史的展開3	山本義隆	隠された因子、エントロピーがついにその姿を現わす。そして重要な概念が加速的に連結し熱力学が体系化されていく。格好の入門篇。全3巻完結。
数学がわかるということ	山口昌哉	非線形数学の第一線で活躍した著者が〈数学とは〉をしみじみと、〈私の数学〉を楽しげに語る異色の数学入門書。（野崎昭弘）
カオスとフラクタル	山口昌哉	ブラジルで蝶が羽ばたけば、テキサスで竜巻が起こる？ カオスやフラクタルの非線形数学の不思議をさぐる本格的入門書。（合原一幸）
数学文章作法 基礎編	結城浩	レポート・論文・プリント・教科書など、数式まじりの文章を正確で読みやすいものにするには？『数学ガール』の著者がそのノウハウを伝授！
数学文章作法 推敲編	結城浩	ただ何となく推敲していませんか？ 語句の吟味・全体のバランス・レビューなど、文章をより良くするために効果的な方法を、具体的に学びましょう。

ファインマンさん 最後の授業	レナード・ムロディナウ 安平文子 訳	科学の魅力とは何か？ 創造とは、そして死とは？ 老境を迎えた大物理学者との会話をもとに書かれた、珠玉のノンフィクション。
生物学のすすめ	ジョン・メイナード=スミス 木村武二 訳	現代生物学では何が問題になるのか。20世紀生物学に多大な影響を与えた大家が、複雑な生命現象を理解するためのキー・ポイントを丁寧に解説。極限と連続に始まり、指数関数と三角関数を経て、偏微分方程式に至る。見晴らしのきく、読み切り22講義。(山本貴光)
現代の古典解析	森 毅	
数の現象学	森 毅	4×5と5×4はどう違うの？ きまりごとの中の算数から、その深みへ誘う認識論的数学エッセイ。日常の中の数を歴史文化に探る。(三宅なほみ)
ベクトル解析	森 毅	1次元線形代数学から多次元へ、1変数の微積分から多変数へ。応用面と異なる、教育的重要性を展開するユニークなベクトル解析のココロ。
対談 数学大明神	森 毅 安野光雅	数楽のセンスの大饗宴！ 読み巧者の数学者と数学ファンの画家が、とめどなく繰り広げる興趣つきぬ数学談義。
応用数学夜話	森口繁一	俳句は何兆まで作れるのか？ 安売りをしてもっとも効率的に利益を得るには？ 世の中の現象と数学をむすぶ読み切り18話。(河合雅雄・亀井哲治郎)
フィールズ賞で見る現代数学	マイケル・モナスティルスキー 眞野元 訳	「数学のノーベル賞」とも称されるフィールズ賞。その誕生の歴史、および第一回から二〇〇六年までの歴代受賞者の業績を概説。(伊理正夫)
角の三等分	矢野健太郎 一松信 解説	コンパスと定規だけで角の三等分は「不可能」！ なぜ？ 古代ギリシアの作図問題の核心を平明懇切に解説し「ガロア理論入門」の高みへと誘う。

フンボルト 自然の諸相
アレクサンダー・フォン・フンボルト
木村直司編訳

中南米オリノコ川で見たものとは？ 植生と気候、緯度と地磁気などの関係を初めて認識した、ゲーテ自然学を継ぐ博物・地理学者の探検紀行。

新・自然科学としての言語学
福井直樹

気鋭の文法学者によるチョムスキーの生成文法解説書。文庫化にあたり旧著を大幅に増補改訂し、付録として黒田成幸の論考「数学と生成文法」を収録。

電気にかけた生涯
藤宗寛治

実験・観察にすぐれたファラデー、電磁気学にまとめたマクスウェル、ほかにクーロンやオームなど科学者十二人の列伝を通して電気の歴史をひもとく。

πの歴史
ペートル・ベックマン
田尾陽一／清水韶光訳

円周率だけでなく意外なところに顔をだすπ。ユークリッドやアルキメデスによる探究の歴史に始まり、オイラーの発見したπの不思議さにいたる。

やさしい微積分
L・S・ポントリャーギン
坂本實訳

微積分の基本概念・計算法を全盲の数学者がイメージ豊かに解説。版を重ねて読み継がれる定番の入門教科書。練習問題・解答付きで独習にも最適。

フラクタル幾何学（上）
B・マンデルブロ
広中平祐監訳

フラクタル幾何学（下）
B・マンデルブロ
広中平祐監訳

「フラクタルの父」マンデルブロの主著。膨大な資料を基に、地理・天文・生物などあらゆる分野から事例を収集・報告したフラクタル研究の金字塔。「自己相似」が織りなす複雑で美しい構造とは。その数理とフラクタル発見までの歴史を豊富な図版とともに紹介。

工学の歴史
三輪修三

オイラー、モンジュ、フーリエ、コーシーらは数学者であり、同時に工学の課題に方策を授けていた。「ものづくりの科学」の歴史をひもとく。

ユークリッドの窓
レナード・ムロディナウ
青木薫訳

平面、球面、歪んだ空間、そして……。幾何学的世界像は今なお変化し続ける。『スタートレック』の脚本家が誘う三千年のタイムトラベルへようこそ。

幾何学基礎論	D・ヒルベルト／中村幸四郎訳	20世紀数学全般の公理化への出発点となった記念碑的著作。ユークリッド幾何学を根源まで遡り、斬新な観点から厳密に基礎づける。
和算の歴史	平山諦	関孝和や建部賢弘らのすごさと弱点とは。そして和算がたどった歴史とは。和算研究の第一人者による簡潔にして充実の入門書。（佐々木力）
素粒子と物理法則	R・P・ファインマン／S・ワインバーグ／小林澈郎訳	量子論と相対論を結びつけるディラックのテーマを対照的に展開したノーベル賞学者による追悼記念講演。現代物理学の本質を堪能させる三重奏。（鈴木武雄）
ゲームの理論と経済行動 I（全3巻）	ノイマン／モルゲンシュテルン／銀林／橋本／宮本監訳／阿部／橋本訳	今やさまざまな分野への応用いちじるしい「ゲーム理論」の嚆矢とされる記念碑的著作。第Ⅰ巻はゲームの形式的記述とゼロ和2人ゲームについて。
ゲームの理論と経済行動 II	ノイマン／モルゲンシュテルン／銀林／橋本／宮本監訳／橋本／下島訳	第Ⅰ巻でのゼロ和2人ゲームの考察を踏まえ、第Ⅱ巻ではプレイヤーが3人以上の場合のゼロ和ゲーム、およびゲームの合成分解について論じる。
ゲームの理論と経済行動 III	ノイマン／モルゲンシュテルン／銀林／橋本／宮本監訳／銀林／宮本訳	第Ⅲ巻では非ゼロ和ゲームにまで理論を拡張。これまでの数学的結果をもとにいよいよ経済学的解釈を試みる。全3巻完結。（中山幹夫）
計算機と脳	J・フォン・ノイマン／柴田裕之訳	脳の振る舞いを数学で記述することは可能か？ 現代のコンピュータの生みの親でもあるフォン・ノイマン最晩年の考察。新訳。（野崎昭弘）
数理物理学の方法	J・フォン・ノイマン／伊東恵一編訳	多岐にわたるノイマンの業績を展望するための文庫オリジナル編集。本巻は量子力学・統計力学など物理学の重要論文四篇を収録。全篇新訳。
作用素環の数理	J・フォン・ノイマン／長田まりゑ編訳	終戦直後に行われた講演「数学者」と、「作用素環について」Ⅰ〜Ⅳの計五篇を収録。一分野としての作用素環論を確立した記念碑的業績を網羅する。

トポロジーの世界	野口 廣	ものごとを大づかみに捉える! その極意を、数式に不慣れな読者との対話形式で、図を多用し平易・直感的に解き明かす入門書。(松本幸夫)
エキゾチックな球面	野口 廣	7次元球面には相異なる28通りの微分構造が可能! フィールズ賞受賞者を輩出したトポロジー最前線を臨場感ゆたかに解説。(竹内薫)
数学の楽しみ	テオニ・パパス	ここにも数学があった! 石鹸の泡、くもの巣、雪片曲線、一筆書きパズル、魔方陣、DNAらせん……。イラストも楽しい数学入門150篇。(細谷暁夫)
相対性理論(下)	安原和見 訳 W・パウリ 内山龍雄 訳	アインシュタインが絶賛し、物理学者内山龍雄をして研究を措いてでも訳したかったと言わしめた、相対論三大名著の一冊。
物理学に生きて	W・ハイゼンベルクほか 青木薫 訳	「わたしの物理学は……」ハイゼンベルク、ディラック、ウィグナーら六人の巨人たちが集い、それぞれの歩んだ現代物理学の軌跡や展望を語る。
調査の科学	林 知己夫	消費者の嗜好や政治意識を測定するには? 集団特性の数量的表現の解析手法を開発した統計学者による社会調査の論理と方法の入門書。
ポール・ディラック	アブラハム・パイスほか 藤井昭彦 訳	「反物質」なるアイディアはいかに生まれたのか、そしてその存在はいかに発見されたのか。天才の生涯と業績を三人の物理学者が紹介した講演録。
近世の数学	原 亨吉	ケプラーの無限小幾何学からニュートン、ライプニッツの微積分学誕生に至る過程を、原典資料を駆使して考証した世界水準の力作。(三浦伸夫)
パスカル 数学論文集	ブレーズ・パスカル 原 亨吉 訳	「パスカルの三角形」で有名な「数三角形論」ほか、「円錐曲線論」「幾何学的精神について」など十数篇の論考を収録。世界の権威による翻訳。(佐々木力)

現代数学入門	遠山 啓	現代数学,恐るるに足らず！　学校数学より日常の感覚の中に集合や構造,関数や群,位相の考え方を探る大人のための入門書。(エッセイ 亀井哲治郎)
現代数学への道	中野茂男	抽象的・論理的な思考法はいかに生まれ,何を生む？　入門者の疑問やとまどいにも目を配りつつ,数学の基礎を軽妙にレクチャー。(松信)
生物学の歴史	中村禎里	進化論や遺伝の法則は,どのような論争を経て決着したのだろう。生物学とその歴史を高い水準でまとめあげた壮大な通史。充実した資料を付す。
不完全性定理	野﨑昭弘	事実・推論・証明……。理屈っぽいとケムたがられる話題を,なるほどと納得させながら,ユーモアたっぷりにひもといたゲーデルへの超入門書。
数学的センス	野﨑昭弘	美しい数学とは詩なのです。いまさら数学者にはなれないけれどそれを楽しみたい。そんな期待に応えてくれる心やさしいエッセイ風数学再入門。
高等学校の確率・統計	黒田孝郎/森毅/小島順/野﨑昭弘ほか	成績の平均や偏差値はおなじみでも,実務の水準とは隔たりが！　基礎からやり直したい人のために伝説の検定教科書を指導書付きで復活。
高等学校の基礎解析	黒田孝郎/森毅/小島順/野﨑昭弘ほか	わかってしまえば日常感覚に近いものながら,数学挫折のきっかけの微分・積分。その基礎を丁寧にひもといた入門のための検定教科書第2弾！
高等学校の微分・積分	黒田孝郎/森毅/小島順/野﨑昭弘ほか	高校数学のハイライト,微分・積分！　その入門コース『基礎解析』に続く本格コース。公式暗記の学習からほど遠い,特色ある教科書の文庫化第3弾。
トポロジー	野口 廣	現代数学に必須のトポロジーの考え方とは？　集合・写像・関係・位相などの基礎から,ていねいに図説した定評ある入門者向け学習書。

高橋秀俊の物理学講義 高橋秀俊

ロゲルギストを主宰した研究者の物理的センスとは。力について、示量変数と示強変数ルジャンドル変換、変分原理などの汎論四〇講。(田崎晴明)

物理学入門 武谷三男

科学とはどんなものか。ギリシャの力学から惑星の運動解明まで、理論変革の跡をひも解いた科学論。三段階論で知られる著者の入門書。(上條隆志)

一般相対性理論 P・A・M・ディラック 江沢洋訳

一般相対性理論の核心に最短距離で到達すべく、卓抜した数学的記述で簡明直截に書かれた天才ディラックによる入門書。詳細な解説を付す。

ディラック現代物理学講義 P・A・M・ディラック 岡村浩訳

永久に膨張し続ける宇宙像とは？ モノポールは実在するのか？ 想像力と予言に満ちたディラック晩年の名講義が新訳で甦る。付録＝荒船次郎

幾何学 ルネ・デカルト 原亨吉訳

哲学のみならず数学においても不朽の功績を遺したデカルト。『方法序説』の本論として発表された『幾何学』、初の文庫化！(佐々木力)

不変量と対称性 リヒャルト・デデキント 渕野昌訳・解説

変えても変わらない不変量とは？ そしてその意味や用途とは？ ガロア理論と結び目の現代数学に現われる、上級の数学センスをさぐる7講義。

数とは何かそして何であるべきか 中村博昭 今井淳／寺尾宏明

「数とは何かそして何であるべきか？」「連続性と無理数」の二論文を収録。現代の視点から数学の基礎付けを試みた充実の訳者解説を付す。新訳。(江沢洋)

物理の歴史 朝永振一郎編

湯川秀樹のノーベル賞受賞。その中間子論を支えてきた第一線の学者たちによる平明な解説書。日本の素粒子論の、これまでとこれからを語る。(江沢洋)

代数的構造 遠山啓

群・環・体など代数の基本概念の構造を、構造主義の歴史をおりまぜつつ、卓抜な比喩とていねいな計算で確かめていく抽象代数学入門。(銀林浩)

飛行機物語　鈴木真二

幾何物語　瀬山士郎

集合論入門　赤攝也

確率論入門　赤攝也

微積分入門　W・W・ソーヤー　小松勇作訳

新式算術講義　高木貞治

数学の自由性　高木貞治

ガウスの数論　高瀬正仁

量子論の発展史　高林武彦

なぜ金属製の重い機体が自由に空を飛べるのか？その工学と技術を、リリエンタール、ライト兄弟などのエピソードをまじえた歴史的にもとく。柔らかな発想で大きく飛躍してきた歴史をたどりつつ、現代幾何学の不思議な世界を探る。図版多数。

「ものの集まり」という素朴な概念が生んだ奇妙な世界、集合論。部分集合・空集合などの基礎から、丁寧な叙述で連続体や順序数の深みへと誘う。

ラプラス流の古典確率論とボレル－コルモゴロフ流の現代確率論。両者の関係性を意識しつつ、確率の基礎概念と数理を多数の例とともに丁寧に解説。

微積分の考え方は、日常生活のなかから自然に出てくるもの。「$\lim$」の記号を使わず、具体例に沿って説明した、定評ある入門書。（瀬山士郎）

算術は現代でいう数論。数の自明を疑わない明治の読者にその基礎を当時の最新学説で説く。「解析概論」の著者若き日の意欲作。（高瀬正仁）

大数学者が軽妙洒脱に学生たちに数学を語る！60年ぶりに復刊された人柄のにじむ幻の同名エッセイ集を含む文庫オリジナル。（高瀬正仁）

青年ガウスは目覚めとともに正十七角形の作図法を思いついた。初等幾何に露頭した数論の一端！創造の世界に迫る原典講読第2弾。

世界の研究者と交流した著者によるみごとに射抜き、理論探求の醍醐味を生き生きと伝える。新組。（江沢洋）

数学をいかに教えるか	志村五郎	日米両国で長年教えてきた著者が日本の教育を斬る！掛け算の順序問題、悪い証明と間違えやすい公式のことから外国語の教え方まで。
通信の数学的理論	C・E・シャノン/W・ウィーバー　植松友彦 訳	IT社会の根幹をなす情報理論はここから始まった。発展いちじるしい最先端の分野に、根源的な洞察をもたらした古典的論文が新訳で復刊。
数学という学問 I	志賀浩二	ひとつの学問として、広がり、深まりゆく数学。数・微積分・無限など「概念」の誕生と発展を軸にその歩みを辿る。オリジナル書き下ろし。全3巻。
数学という学問 II	志賀浩二	第2巻では19世紀の数学を展望。数概念の拡張によりもたらされた複素解析のほか、フーリエ解析、非ユークリッド幾何誕生の過程を追う。
数学という学問 III	志賀浩二	19世紀後半、「無限」概念の登場とともに数学は大転換を迎える。カントルとハウスドルフの集合論、そしてユダヤ人数学者の寄与について。全3巻完結。
現代数学への招待	志賀浩二	「多様体」は今や現代数学必須の概念。「位相」「微分」などの基礎概念を丁寧に解説・図説しながら、多様体のもつ深い意味を探ってゆく。
シュヴァレー　リー群論	クロード・シュヴァレー　齋藤正彦 訳	現代的な視点から、リー群を初めて大局的に論じた古典的著作。著者の導いた諸定理はいまなお有用性を失わない。本邦初訳。
現代数学の考え方	イアン・スチュアート　芹沢正三 訳	現代数学は怖くない！「集合」「関数」「確率」などの基本概念をイメージ豊かに解説。直観で現代数学の全体を見渡せる入門書。図版多数。（平井武）
若き数学者への手紙	イアン・スチュアート　冨永星 訳	研究者になるってどういうこと？　現役で活躍する数学者が豊富な実体験を紹介。数学との付き合い方から「してはいけないこと」まで。（砂田利一）

二〇一六年四月十日　第一刷発行

私の微分積分法　解析入門

著　者　吉田耕作（よしだ・こうさく）

発行者　山野浩一

発行所　株式会社　筑摩書房
　　　　東京都台東区蔵前二-五-三　〒一一一-八七五五
　　　　振替〇〇一六〇-八-四一二三

装幀者　安野光雅

印刷所　株式会社精興社

製本所　株式会社積信堂

乱丁・落丁本の場合は、左記宛に御送付下さい。
送料小社負担でお取り替えいたします。
ご注文・お問い合わせも左記へお願いします。

筑摩書房サービスセンター
埼玉県さいたま市北区櫛引町二-六〇四　〒三三一-八五〇七
電話番号　〇四八-六五一-〇〇五三

©KAZUHIKO YOSHIDA 2016 Printed in Japan
ISBN978-4-480-09722-4 C0141